El Hadi Taifi
Igor Lukyanchuk
Daoud Mezzane

Modelisation des materiaux ferroelectriques de structure TTB

El Hadi Taifi
Igor Lukyanchuk
Daoud Mezzane

Modelisation des materiaux ferroelectriques de structure TTB

Modélisation des matériaux de types TTB

Presses Académiques Francophones

Mentions légales / Imprint (applicable pour l'Allemagne seulement / only for Germany)
Information bibliographique publiée par la Deutsche Nationalbibliothek: La Deutsche Nationalbibliothek inscrit cette publication à la Deutsche Nationalbibliografie; des données bibliographiques détaillées sont disponibles sur internet à l'adresse http://dnb.d-nb.de.
Toutes marques et noms de produits mentionnés dans ce livre demeurent sous la protection des marques, des marques déposées et des brevets, et sont des marques ou des marques déposées de leurs détenteurs respectifs. L'utilisation des marques, noms de produits, noms communs, noms commerciaux, descriptions de produits, etc, même sans qu'ils soient mentionnés de façon particulière dans ce livre ne signifie en aucune façon que ces noms peuvent être utilisés sans restriction à l'égard de la législation pour la protection des marques et des marques déposées et pourraient donc être utilisés par quiconque.

Photo de la couverture: www.ingimage.com

Editeur: Presses Académiques Francophones est une marque déposée de
Südwestdeutscher Verlag für Hochschulschriften GmbH & Co. KG
Heinrich-Böcking-Str. 6-8, 66121 Sarrebruck, Allemagne
Téléphone +49 681 37 20 271-1, Fax +49 681 37 20 271-0
Email: info@presses-academiques.com

Produit en Allemagne:
Schaltungsdienst Lange o.H.G., Berlin
Books on Demand GmbH, Norderstedt
Reha GmbH, Saarbrücken
Amazon Distribution GmbH, Leipzig
ISBN: 978-3-8381-8802-7

Imprint (only for USA, GB)
Bibliographic information published by the Deutsche Nationalbibliothek: The Deutsche Nationalbibliothek lists this publication in the Deutsche Nationalbibliografie; detailed bibliographic data are available in the Internet at http://dnb.d-nb.de.
Any brand names and product names mentioned in this book are subject to trademark, brand or patent protection and are trademarks or registered trademarks of their respective holders. The use of brand names, product names, common names, trade names, product descriptions etc. even without a particular marking in this works is in no way to be construed to mean that such names may be regarded as unrestricted in respect of trademark and brand protection legislation and could thus be used by anyone.

Cover image: www.ingimage.com

Publisher: Presses Académiques Francophones is an imprint of the publishing house
Südwestdeutscher Verlag für Hochschulschriften GmbH & Co. KG
Heinrich-Böcking-Str. 6-8, 66121 Saarbrücken, Germany
Phone +49 681 37 20 271-1, Fax +49 681 37 20 271-0
Email: info@presses-academiques.com

Printed in the U.S.A.
Printed in the U.K. by (see last page)
ISBN: 978-3-8381-8802-7

UNIVERSITE CADI AYYAD
FACULTE DES SCIENCES
ET TECHNIQUES -
MARRAKECH

UNIVERSITE DE PICARDIE
JULES VERNES
FACULTE DES SCIENCES
AMIENS-FRANCE

THÈSE
En cotutelle

Présentée à la Faculté des sciences et Technique de Marrakech pour

obtenir le grade de :

DOCTEUR

UFR : Métrologie, Automatique et analyse des systèmes

Spécialité : Modélisation et Analyse des systèmes

&

Ecole Doctorale Sciences et Santé

Discipline : Physique, Spécialité : Génie des matériaux

Modélisation des matériaux ferroélectriques de structure de Bronze de Tungstène (TTB)

Par :

Elhadi TAIFI

(DESA : Physique de la Matière et des Matériaux PMM)

Soutenue le 09/ Décembre / 2010 devant la commission d'examen :

M. KEROUAD	PES	Faculté des Sciences de Meknès (Maroc).	Président
L. BAUDRY	MCE- HDR	IEMN de Lille (France).	Rapporteur
H. EZ-ZAHRAOUY	PES	Faculté des Sciences de Rabat (Maroc).	Rapporteur
A. MAALEJ	PES	Faculté des Sciences de Sfax (Tunis).	Rapporteur
M. ELMARSSI	PES	Université de Picardie Jules Vernes (France).	Examinateur
Y. GAGOU	MCE	Université de Picardie Jules Vernes (France).	Examinateur
Y. ELAMRAOUI	PES	FST d'Errachidia(Maroc).	Examinateur
I. LUKYANCHUK	PES	Université de Picardie Jules Vernes (France).	Examinateur
D. MEZZANE	PES	FS T de Marrakech (Maroc).	Examinateur

Thèse réalisé en cotutelle entre :
Laboratoire de Physique de la Matière Condensée
EA 2081 - Université de Picardie Jules Verne - Pôle Scientifique
33, rue Saint-Leu - 80039 Amiens Cedex 1
Tel : +33 (0) 3 22 82 76 24
Fax : +33 (0) 3 22 82 78 91

et

Laboratoire de la Matière Condensé et Nanostructure
Université Cadi Ayyad- Faculté des Sciences et Techniques
B P. : 618, Av.Abdelkarim Elkhattabi, Guéliz Marrakech
Tél : (+212) 5 24 43 34 04
Fax: (+212) 5 24 43 31 70

Dans le cadre du Projet Volubilis 2007-2010
(Action intégrée Franco-Marocaine AI : MA/07/165)

Coordonnées :
taifi2007@gmail.com
taifi.elhadi@yahoo.fr

Dédicace

Cette thèse est dédiée à mes Parents, ma sœur Fatima et mes frères (Hassan, Abdellali, Omar et Abdallah) qui m'ont toujours poussé et motivé dans mes études. Sans eux, je n'aurais certainement pas fait de longues études.

Cette thèse représente donc l'aboutissement du soutien et des encouragements qu'ils m'ont accordés tout au long de ma scolarité. Qu'ils en soient remerciés par cette trop modeste dédicace.

Remerciements

Le travail présenté dans ce mémoire de thèse a été effectué au sein de Laboratoire de la Matière Condensé et Nanostructure (LMCN) de la FST de l'Université Cadi Ayyad de Marrakech en collaboration avec le Laboratoire de Physique de la Matière Condensé (LPMC) de l'Université de Picardie Jules Vernes d'Amiens, dans le cadre d'une thèse en cotutelle.

Je tiens tout d'abord à remercier mon directeur de thèse du côté Marocain, Monsieur *Daoud MEZZANE* d'avoir bien voulu assurer la direction de cette thèse, pour son soutien et ses précieux conseils et son appui morale et administratifs, ainsi que Monsieur *Igor LUKYANCHUK*, directeur de côté Français, pour m'avoir guidé, encouragé, conseillé durant tous mes séjours en France.

Tous mes remerciements à mes deux encadrants pour avoir encadré mes travaux et pour leurs disponibilités.

J'exprime toute ma reconnaissance envers Monsieur *Youssef ELAMRAOUI*, Doyen de la FST d'Errachidia, qui a co-dirigé ce travail, pour m'avoir fait partager ces connaissances, et pour l'accueil chaleureux que je recevais de sa part à chaque visite au LPSMS.

J'exprime ma profonde reconnaissance à Monsieur *Mohamed KEROUAD*, Doyen de la Faculté des sciences de Meknès, pour avoir accepté de présider le jury de cette thèse et pour son aide précieuse durant les deux année de DESA, ainsi qu'à Monsieur *Laurent BAUDRY*, Professeur à l'Université de Lille, Monsieur *Hamid EZ-ZAHRAOUI*, Professeur à l'Université de Rabat et Monsieur *Ahmed MAALEJ* Professeur à l'Université de Sfax, qui ont accepté la tache de rapporteurs, pour la lecture attentive de ma thèse et pour leur participation au jury.

Je remercie Monsieur *Mimoun ELMARSSI* , directeur du laboratoire (LPMC) d'Amiens d'avoir accepté d'examiner ma thèse, ainsi que Monsieur *Christian MASQUELIER* Directeur de l'Ecole Doctorale en Sciences et Santé (EDSS, ED n°368), pour m'avoir accueilli au sein de ces institutions, et pour les conseils stimulants que j'ai eu l'honneur de recevoir de leurs parts.

Monsieur *Yaovi GAGOU*, maitre de conférences au LPMC de l'Université de Picardie Jules Vernes d'Amiens, a accepté de juger ce manuscrit, je tiens à lui exprimer toute mes reconnaissances. Je tiens aussi à le remercier pour sa gentillesse et son humeur.

J'exprime également toute ma gratitude envers Monsieur *Hassan CHEHOUANI*, responsable de l'UFR, d'avoir m'accepté dans leurs UFR.

Je remercie Monsieur *Elhassan CHOUKRI* professeur de la FST de Marrakech, pour son aide et ses conseils surtout au niveau de la rédaction et l'étude expérimentale par mesures diélectriques. Ainsi que tous les membres du Laboratoire LMCN de Marrakech et les enseignants du département de Physique Appliqués.

Ces remerciements vont également à Monsieur *Hamid AHRCHOUI* professeur de la FST d'Errachidia, pour son aide et ses conseils scientifiques pendant mes stages au LPSMS d'Errachidia, ainsi que Monsieur *Mohamed ELAMRAOUI*.

En travaillant sur trois laboratoires, le LMCN de Marrakech, le LMPC d'Amiens et le LPSMS d'Errachidia, j'ai rencontré de nombreux chercheurs. Je dois dire que tous les chercheurs de ces trois labos m'ont chaleureusement accueilli.

Je tiens aussi à remercier ceux qui ont partagé avec moi les locaux. Au LMCN, il s'agissait de *Yassine AMIRA, Hicham JAKJOUD, Issam SALHI, Nourdine AOUZALE, Aimad BELBOUKHARI, Abdessalam ELKHOUTRI*. Au LPMC, il s'agissait de *Jamal BELHADI et Anais SCENE*.

Je remercie également *Ahmed ZAIM et Mourad BOUGHRARA* qui m'ont aidé à réaliser mes premiers pas au programmation avec FORTRAN.

Je remercie aussi tous mes camarades normaliens qui m'ont aidé moralement, à savoir *Abderrahim ELBIYALI* ; *Kawtar BENTHAMI*, **Rachid ELMANSOURI, Soumaya, Hasna, Fatima Zahra, Wahiba, Khadija, …**

En fin, mes grands remerciements sont adressés à ma famille. Sans votre soutien, je n'aurai peut être pas pu réaliser ce travail de thèse. Merci à *ma mère, mon père*, ma sœur *Fatima*, mes frères : mon frère *Hassan*, sa femme *Najah* et leur fils *Youssef*, mon frère *Abdellali*, sa femme *Halima* et leurs fils *Soufian et Hiba*, mon frère *Omar*, sa femme *Fatima* et leurs fils *Charafeddine et Zouhair* et mon petit frère *Abdellah*.

Merci !!

SOMMAIRE

INTRODUCTION

GENERALE

Les matériaux ferroélectriques présentent un intérêt croissant en raison de leurs applications dans plusieurs domaines notamment en industrie: condensateurs à forte permittivité, transducteurs électromécaniques, détecteurs de rayonnement Infrarouge, traitement du stockage optique de l'information,...

Pendant ces dernières années, les oxydes ferroélectriques de structure pérovskite sont les plus étudiés grâce à leurs grandes flexibilités dans les substitutions ioniques et grâce aussi à la simplicité de leur structure.

Les composés ferroélectriques de structure Bronze de Tungstène quadratique (TTB) sont devenus, ces dernières années, parmi les matériaux les plus étudiés et les plus utilisés dans beaucoup de technologies récentes. En effet, plusieurs méthodes expérimentales ont été développées pour étudier le diagramme de phase des matériaux ferroélectriques. On peut citer les mesures optiques (diffusion Raman), calorimétriques (ATD, ATG), les mesures de constantes diélectriques en fonction de la température, de la polarisation spontanée, de cycles P-E ainsi que la diffusion de rayons X, électrons et neutrons. Par ailleurs, de multiples travaux se sont récemment orientés vers l'étude des propriétés électriques afin d'obtenir le diagramme de phases des composés ferroélectrique de structure TTB. A titre d'exemple, on peut citer le travaux de M. Oualla ,Y. Gagou et J. Ravez.

Ainsi, plusieurs recherches ont été focalisées sur la découverte des modèles théoriques et des simulations numériques en se basant sur plusieurs méthodes de calcul pour prévoir et décrire les propriétés physiques des TTB. Le développement de l'informatique depuis la deuxième guerre mondiale a permis l'avènement d'une nouvelle méthode de compréhension du monde et des phénomènes qui le composent: la modélisation informatique. Alors qu'auparavant, il était absolument nécessaire de faire et de refaire des expériences, plus ou moins longues, plus ou moins reproductibles, et presque toujours coûteuses, il est désormais possible d'observer à volonté, à la vitesse choisie et à moindre coût ces phénomènes. Mais la simulation nécessite de traduire les phénomènes physiques complexes sous forme de modèles qui ne peuvent prendre en compte toutes les variables, et l'expérience reste tout de même indispensable pour confirmer ou infirmer les résultats.

L'objectif principal de ce travail est la détermination du diagramme de phase par différentes méthodes théoriques et de simulation telle que la méthode de simulation de Monte Carlo, la théorie du champ moyen et la théorie phénoménologique de Landau.

Cette étude théorique consiste à modéliser et à expliquer les résultats expérimentaux déjà obtenus sur ces composés et, également, prévoir d'autres phénomènes et d'autres propriétés de ces systèmes.

Ainsi l'idée de départ qui nous a motivés pour réaliser ce travail est le diagramme de phase expérimental du système PKLN réalisé au sein de laboratoire LMCN par Y. Gagou et al. qui ont étudié les variations de la température de transition en fonction de la composition des PKLN.

Ce manuscrit comporte deux grandes parties :

La première partie (Partie A) est composée de deux chapitres.

- Dans le chapitre A1, nous présentons des généralités sur les ferroélectriques et leurs applications. Ensuite nous donnons une bibliographie sur les matériaux de structure TTB ainsi qu'une description des transitions de phase rencontrées dans ces matériaux.

- Nous exposons dans le chapitre A2 les différentes théories utilisées ainsi qu'une explication de la méthode Monte Carlo utilisée durant ce travail.

La deuxième partie (Partie B) est consacrée à la présentation et la discussion des résultats théoriques obtenus en utilisant les différentes méthodes. Cette partie contient cinq chapitres :

- Le premier chapitre (Chapitre BI) est consacré à une étude du même système que le chapitre BII. En utilisant la théorie de Champ moyen, nous avons étudié les variations de la température de transition en fonction de l'interaction entre les atomes suivant l'axe (Ox).

- Le deuxième chapitre (Chapitre BII) est consacré au nouveau modèle théorique que nous proposons pour traiter le diagramme de phase des matériaux de type TTB. Les variables de ce nouveau modèle ont été inspirées du modèle d'Ising. L'étude de ce modèle a été faite par la méthode de simulation Monte Carlo basée sur l'algorithme Metropolis. Une étude du diagramme de phase a été réalisée pour un système 2d en prenant plusieurs états initiaux pour le système. Les polarisations P_x et P_y et P_z sont étudiées pour observer le comportement de chacune de ces composantes en fonction de la température.

- Une étude des différentes transitions de phase a été réalisée au troisième chapitre (Chapitre BIII) par la théorie phénoménologique de Landau afin de tracer le diagramme de phase correspondant pour un système ferroélectrique à deux dimensions. Cette étude a pour but de vérifier les résultats trouvés en utilisant le modèle proposé pour étudier les matériaux ferroélectriques type TTB et confronter les différents résultats théoriques à ceux trouvés par les expérimentateurs.

- Dans le premier chapitre (Chapitre BIV) nous avons utilisé la théorie du champ effectif pour étudier un film d'Ising à spin 1/2 décoré par les atomes de spin 1. Nous avons examiné l'effet du champ cristallin, de l'interaction d'échange et de l'épaisseur du film sur les propriétés du film.

- Dans le dernier chapitre (Chapitre BV), nous donnons une brève description de la méthode des mesures diélectriques puis nous présentons quelques diagrammes de phase permettant de valider notre modèle théorique.

Nous terminons ce mémoire par une conclusion générale dans laquelle nous présentons les principaux résultats obtenus et les perspectives de ce travail.

PARTIE -A-

Généralités

Chapitre AI

Généralités : la ferroélectricité et les composés de Bronze de Tungstène Quadratique (TTB)

Chapitre AI : Généralités sur la ferroélectricité et les composés de Bronze de Tungstène Quadratique (TTB)

I- Historique

L'effet piézoélectrique a été découvert il y a plus d'un siècle sur le quartz par les frères Marie et Pierre Curie [1]. En 1917 Langevin se servit des cristaux de quartz pour engendrer des ondes de pressions. Puis la découverte dans les années 40 des sels piézoélectriques comme $BaTiO_3$ permit d'augmenter le couplage électromécanique. Ensuite dans les années 1950- 1960, de nouvelles céramiques piézo-électriques ont été synthétisées [2], citons par exemple les oxydes ternaires de Plomb (PZT) qui ont permis de réaliser un saut technologique.

En 1921 Valasek [3] a découvert la ferroélectricité en étudiant les propriétés diélectriques du sel de Rochelle ($NaKC_4H_4O_6.4H_2O$). Il montra l'existence d'une analogie entre ces propriétés et celles des ferromagnétiques, c'est-à-dire la présence du cycle d'hystérésis (P-E). La polarisation de ce crystal pourrait être inversée par l'application d'un champ électrique extérieur [4].

Une avancée considérable a été réalisée dans les années 40 avec l'émergence de matériaux pérovskites, à structure cristalline plus simple et présentant des propriétés ferroélectriques remarquables. Durant une vingtaine d'années, les recherches se sont concentrées sur des composés tels que le $BaTiO_3$ ou le $PbTiO_3$, soit sous forme de céramiques, soit en monocristaux [5]. Puis vers la fin des années 60, l'intérêt croissant pour la miniaturisation a poussé les scientifiques à réaliser les premiers dépôts en couches minces [6,7].

La structure cristallographique des composés "bronzes de tungstène quadratiques" (Tetragonal Tungsten Bronzes, abrégé TTB) a été déterminée par Magnelli en 1949 puis en 1953, à partir des oxydes monocristallins contenant du potassium $K_{0,57}WO_3$ [8] et du sodium $Na_{0,57}WO_3$ [9] respectivement.

Les oxydes de tungstène forment à la base un groupe de composés de formule générale M_xWO_3 où M est un métal cationique, souvent un alcalin [9], [10], [11].

En 1953, G. Goodman [12] a montré que le niobate de plomb $PbNb_2O_6$ présentait des propriétés ferroélectriques et en 1967, des chercheurs de IBM et de Bell Téléphone ont étudié les propriétés optiques non-linéaires de niobate de formule générale

$A_2BNb_5O_{15}$, en s'intéressant plus particulièrement au niobate de baryum de sodium $Ba_2NaNb_5O_{15}$ communément appelé "Banana".

L'étude des transitions de phase est l'un des principaux objectifs des physiciens théoriciens et expérimentateurs de la physique de la matière condensée. En général, la transition résulte de la compétition entre deux tendances opposées : l'ordre et le désordre.

Pour comprendre et expliquer le phénomène de transitions de phase, plusieurs approches ont été élaborées : le modèle d'Ising, la méthode de simulation de Monte Carlo, la théorie phénoménologique de landau et la théorie du champ moyen.

L'objectif de notre travail est de modéliser les diagrammes de phase expérimentaux (présenter dans ce chapitre) et prévoir d'autres diagrammes correspondants à d'autres composés, en utilisant les méthodes théoriques exposées dans ce chapitre.

Dans ce chapitre AI, on présentera un rappel sur les matériaux ferroélectriques et une étude bibliographie sur les diagrammes de phase des composés de structure TTB.

II- Ferroélectricité

II-1- Définition

Un matériau ferroélectrique possède un moment électrique dipolaire permanent. En d'autres termes, même en l'absence de champ électrique extérieur appliqué, le centre de gravité des charges positives ne coïncide pas avec celui des charges négatives. L'existence d'un moment dipolaire permanent implique que ce matériau ne possède pas de centre de symétrie. Cette condition caractérisant les matériaux dits piézoélectriques, est nécessaire mais insuffisante.

Le terme ferroélectrique est dû à l'analogie entre les propriétés électriques et magnétiques dans les composés ferromagnétiques.

II-2- Classe des matériaux ferroélectriques

Les matériaux ferroélectriques forment un sous groupe des cristaux pyroélectriques (Figure AI-1) pour lesquels la direction de la polarisation spontanée peut être réorientée ou même renversée sous l'action d'un champ électrique extérieur.

Les cristaux sont repartis en 32 classes de symétrie. Onze d'entre elles sont centrosymétriques (cristaux non polaires), parmi les vingt et une restantes, vingt cristaux comportent un ou plusieurs axes polaires et possèdent des propriétés vectorielles. L'application d'un champ électrique provoque une déformation mécanique et réciproquement (piézoélectricité).

Parmi ces vingt classes de matériaux piézoélectriques, dix ne possèdent qu'un seul axe polaire. Lorsque ces matériaux sont soumis à une variation de température, il apparaît des charges de signe opposé sur les faces perpendiculaires à l'axe polaire (pyroélectricité).

Quand le sens de la polarisation spontanée des cristaux pyroélectriques peut être inversé par application d'un champ électrique approprié, ce sont des ferroélectriques [13, 14].

L'effet piézoélectrique inverse est à la base d'un grand nombre d'applications, notamment dans le domaine des capteurs et des résonateurs. En effet, ils permettent de transformer l'énergie mécanique en énergie électrique et vice-versa. Le tableau AI-1 regroupe les différents groupes ponctuels compatibles avec l'existence de la pyroélectricité.

```
                        ┌─────────────────────┐
                        │ 32 classes cristallines │
                        └─────────────────────┘
                 ↓                              ↓
      ┌─────────────────────┐        ┌─────────────────────────┐
      │ 11 centrosymétriques │        │ 21 non centrosymétriques │
      └─────────────────────┘        └─────────────────────────┘
                 ↓                    ↓                        ↓
      ┌─────────────────────┐  ┌──────────────────┐  ┌─────────────────────────┐
      │ non piézoélectriques │  │ 20 piézoélectriques │  │ 1 non piézoélectrique │
      └─────────────────────┘  └──────────────────┘  └─────────────────────────┘
                          ↓                    ↓
              ┌─────────────────┐   ┌────────────────────────┐
              │ 10 pyroélectriques │   │ 10 non pyroélectriques │
              └─────────────────┘   └────────────────────────┘
               ↓                    ↓
      ┌─────────────────┐   ┌──────────────────────┐
      │ ferroélectriques │   │ non ferroélectriques │
      └─────────────────┘   └──────────────────────┘
```

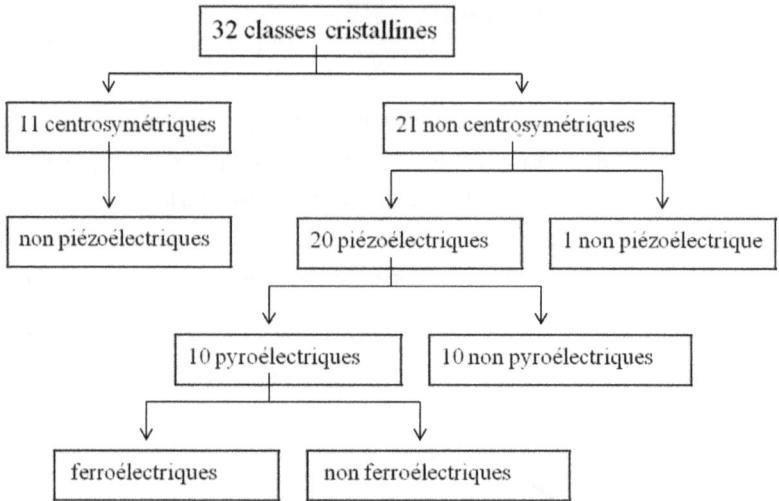

Figure AI-1 : *les différentes classes des cristaux*

Tableau AI-1 : *Groupes ponctuels compatibles avec l'existence de la pyroélectricité.*

Symétrie cristallin	Groupe ponctuel
Triclinique	1
Monoclinique	2 m
Orthorhombique	mm2
Quadratique	4 4mm
Trigonal	3 3m
Hexagonal	6 6mm

II-3- Polarisation d'un matériau ferroélectrique

Les matériaux pyroélectriques possèdent une polarisation naturelle selon au moins une direction, appelée aussi polarisation spontanée. L'importance de cette polarisation dépend fortement de la température, d'où leur dénomination. Les matériaux ferroélectriques, qui en forment un sous-groupe, ont eux la particularité de pouvoir se polariser selon deux axes ou plus, chaque direction étant équiprobable. Par application d'un champ électrique, on peut faire basculer la polarisation d'un axe à un autre. C'est en fait ce phénomène qui est en grande partie responsable de leurs propriétés piézoélectriques. Le basculement modifie localement la structure cristalline, et rend l'effet beaucoup plus important que dans les autres matériaux. Ceci explique que seuls les ferroélectriques peuvent être utilisés comme actionneurs.

Habituellement, un cristal ferroélectrique n'est pas polarisé d'une manière uniforme dans une seule direction, mais il est composé de plusieurs éléments appelés domaines. La polarisation spontanée P_s est uniforme dans chaque domaine. La frontière entre deux domaines est appelées : mûr ou paroi du domaine.

Les cristaux ferroélectriques uni-axiaux n'ont que deux orientations possibles de polarisation (domaines à 180°), tandis que d'autres ferroélectriques cubiques tels que $BaTiO_3$ ont plus de deux orientations possibles.

Que ce soit sous la forme de cristaux ou de céramiques, les matériaux ferroélectriques ne présentent à l'échelle macroscopique qu'une faible polarisation naturelle. Pour rendre ce phénomène beaucoup plus observable, il faut donc modifier leur structure en agissant sur des paramètres physiques tels que : la température, le champ électrique …. La figure AI.2 présente une section de céramique piézo-électrique, décomposée en grains, eux-mêmes divisés en domaines. A l'état vierge, les domaines sont orientés aléatoirement et la contribution des polarisations naturelles de chacun est en moyenne nulle (cas (a)). Ces matériaux doivent donc passer par un processus de polarisation, dit poling, au cours duquel, on leur applique un champ électrique élevé, qui provoque l'alignement des moments dipolaires des domaines selon une direction unique. Si l'effet est réversible, lorsque le champ est faible, une différence de potentiel élevée provoque la rotation d'un certain nombre de domaines qui vont « fusionner » (cas (b)). A l'issue du processus de poling, un grand nombre de dipôles reviennent sur leur axe original, mais d'autres conservent l'orientation du champ électrique: elle reste donc une polarisation résiduelle du matériau due à la modification de la structure cristalline.

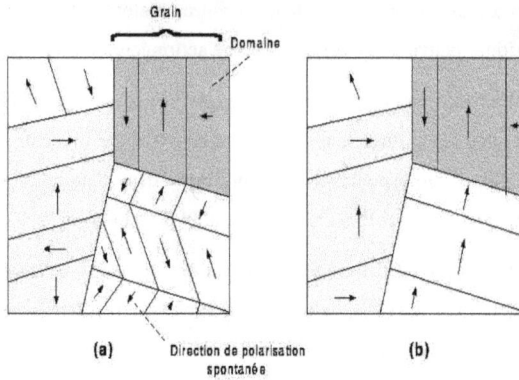

Figure AI-2: Section bidimensionnelle d'une céramique ferroélectrique, avant (a) et après (b) poling

Le comportement des ferroélectriques est fortement dépendant de la température. Il existe en effet une température T_c, dite température de Curie, au-delà de laquelle le cristal perd cette propriété de polarisation spontanée, et donc l'essentiel de ses capacités piézo-électriques. Inversement, l'effet piézo-électrique s'accroît lorsque la température diminue, pour atteindre une valeur de saturation.

La relation entre le champ électrique **E** et la polarisation **P**, et le vecteur déplacement **D** - plus souvent utilisée car plus facilement mesurable - est donnée par la formule:

$$D = \varepsilon_0 E + P$$

Cette relation est non-linéaire, et dépend de ces deux grandeurs. Elle se traduit typiquement par une courbe d'hystérésis semblable à celle de la figure AI.3.

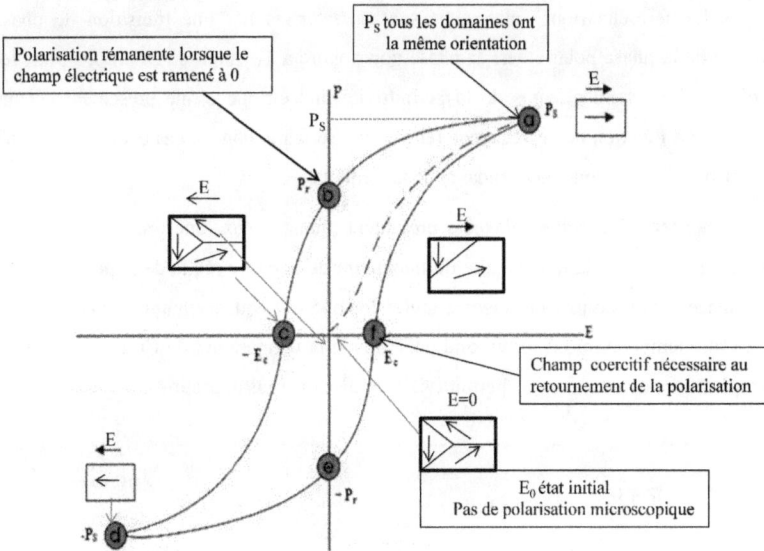

Figure AI-3: *Hystérésis caractéristique de la relation entre le champ E et la densité de charge D*

Quand le champ électrique augmente, la polarisation croît aussi avec toutefois un certain décalage puis sature si le champ est suffisamment important (P_S). Lorsque **E** revient à zéro, il reste une polarisation résiduelle P_r qui est permanente pour un champ élevé, et seulement provisoire pour un champ faible.

Il existe une relation similaire entre le champ électrique **E** et le champ des déformations élastiques **S**. De même qu'il subsiste une polarisation résiduelle, on observe après application d'une tension, une déformation résiduelle. Signalons que la relation entre **E** et **S** est encore plus complexe, et fait intervenir de nombreux couplages. De plus, elle varie fortement avec la valeur maximale du champ, pour passer d'une hystérésis simple, semblable à celle de la figure AI-3, à une hystérésis en forme de papillon [15].

II-4- Types de ferroélectriques

Parmi les matériaux ferroélectriques, il est possible de distinguer les classiques des relaxeurs, non pas seulement par les caractéristiques de leur transition mais aussi par leur comportement en fréquence.

- les ferroélectriques classiques sont caractérisés par une transition de phase abrupte de la phase polaire vers la phase non polaire à T_C (Figure AI-4a). De plus, les parties réelles et imaginaires de la permittivité diélectrique ε'_r ne présentent aucune variation en fonction de la fréquence (elle peut être faible dans le cas d'une dispersion). La valeur de T_c est donc indépendante de la fréquence.

- les ferroélectriques relaxeurs présentent, quant à eux, une transition de phase diffuse. Par ailleurs, la température du maximum de la partie réelle de la permittivitéε'_r se déplace vers les plus hautes températures lorsque la fréquence augmente (Figure AI-4b). Cette température ne correspond donc plus à la température de Curie, le terme T_m (température de maximum de permittivité) est dès lors plus approprié.

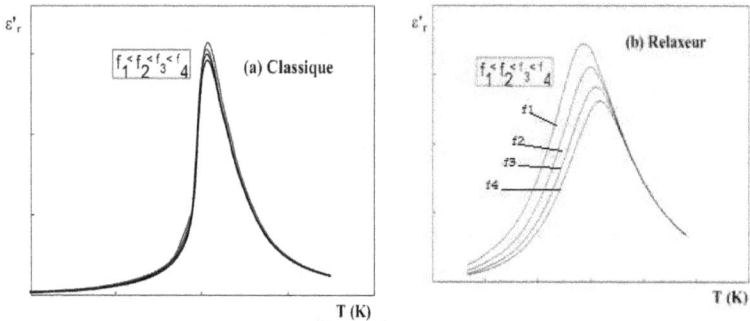

Figure AI-4 : *Variation de ε'_r en fonction de la température à différentes fréquences dans le cas d'un ferroélectrique classique (a) ou relaxeur (b)*

III- Composés ferroélectriques

III-1- Les pérovskites

Comme nous l'avons vu précédemment, les matériaux ferroélectriques possèdent des caractéristiques diverses. Certaines d'entre elles nous intéressent plus particulièrement dans ce travail : ce sont les propriétés diélectriques. A ce titre, les composés ferroélectriques du type pérovskite, de formule chimique générale ABO_3, offrent des avantages intéressants pour diverses applications suite à leurs fortes valeurs de permittivités diélectriques par exemple.

Dans les phases non polaires, la maille pérovskite est cubique et peut se représenter de différentes manières selon le cation pris comme origine. Un exemple de représentation est schématisé sur la figure AI-5. Le cation **A** possède un grand rayon alors que **B** est un cation de rayon plus faible ; **O** est l'atome d'oxygène.

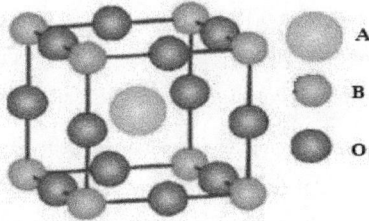

Figure AI-5 : Représentation d'une structure pérovskite.

Le cas du titanate de baryum $BaTiO_3$ sera choisi à titre d'exemple, en raison de l'importance pratique de ce matériau.

Au-dessus de la température de Curie (120°C) (état paraélectrique), il possède la structure pérovskite originale : les huit ions de baryum sont placés aux sommets d'un cube, dont les centres des faces contiennent les ions oxygène. L'ion titane occupant le centre du cube, les deux centres de gravité positif et négatif se coïncident, le moment dipolaire de la structure est égal à zéro.

Au-dessous de la température de Curie (état ferroélectrique), cette structure se déforme légèrement, passant d'une structure cubique à une structure quadratique. Le centre de gravité des charges positives ne coïncide plus avec celui des charges négatives, conduisant ainsi à l'existence d'un moment dipolaire permanent engendrant la perte de symétrie du cristal. L'interaction entre ces dipôles voisins provoque l'alignement responsable de l'apparition de la ferroélectricité. (Figure AI-6).

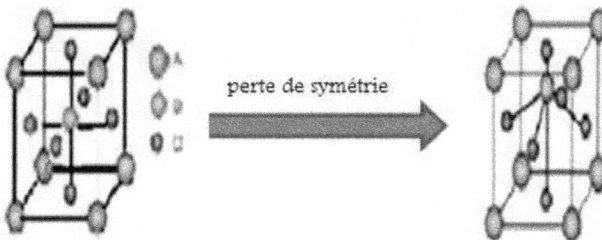

Figure AI-6 : la ferroélectricité dans la structure pérovskite.

III-2- Matériaux ferroélectriques de type TTB

A part la structure de type pérovskite, il existe deux autres grandes catégories d'oxydes bâtis sur des octaèdres d'oxygène, à savoir les structures bronze quadratique et hexagonale. La structure type TTB se révèle être la plus courante pour les oxydes ternaires et quaternaires, notamment ceux qui contiennent du tantale et du niobium [16]. Les matériaux de structure TTB constituent une classe de ferroélectriques.

La structure bronze de tungstène quadratique peut être décrite par une ossature d'octaèdres MO_6 (M = métal de transition) joints entre eux par leurs sommets et faisant apparaître suivant l'axe z des cavités sous forme de tunnels de formes pentagonale (p), carrée (s) ou triangulaire (t) (figure AI-6). Les deux premiers sites de coordinance respective 15 et 12, peuvent être occupés par des cations de grande taille (généralement les alcalins ou les alcalino-terreux) et le site (t) de coordinance 9, par des cations de petite taille comme le lithium. Quelquefois, dans les structures TTB contenant du niobium, ce sont des chaînons M'-O-M' dirigés suivant l'axe z qui viennent occuper les tunnels pentagonaux. La coordination polyédrique des cations situés dans ces tunnels forme des pyramides pentagonales MO_7 qui sont jointes par leurs arêtes équatoriales à cinq octaèdres MO_6 voisins. L'organisation structurale résultante est désignée par l'appellation de « colonne pentagonale » [17].

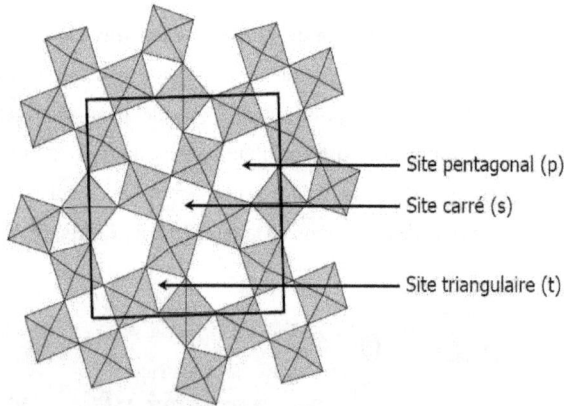

— Site pentagonal (p)

— Site carré (s)

— Site triangulaire (t)

Figure AI-6 Structure de TTB

Lors de la transition de l'état paraélectrique à l'état ferroélectrique, les atomes M (niobium, tantale) situés dans les sites octaédriques subissent un déplacement qui donne naissance à une polarisation spontanée. La ferroélectricité est essentiellement due à ce phénomène.

IV- Applications des ferroélectriques

La caractéristique des matériaux ferroélectriques est la présence d'une polarisation électrique rémanente renversable par l'application d'un champ électrique. Ces matériaux sont également piézoélectriques (apparition de charges de surface sous contrainte mécanique) et pyroélectriques (dépendance en température de la polarisation). Ces propriétés trouvent de nombreuses applications comme les détecteurs pyroélectriques IR, les capteurs et les mémoires non volatiles.

Depuis quelques années, de nouvelles applications des matériaux ferroélectriques ont été mises en évidence dans différents domaines, on peut citer les dispositifs « PTCR » c'est-à-dire les résistances à coefficient différents domaines, de température positive [18], les tenseurs pyro et piézoélectriques et les dispositifs électro-optiques [19].

Les céramiques diélectriques font l'objet également d'études de développements importants. Citons les résonateurs diélectriques, les substrats multicouches pour circuits rapides et la protection contre les dispositifs micro-ondes.

Les composés TTB servent à la fabrication de condensateurs à forte constante diélectrique, à la fabrication de thermistors utilisant de grandes variations de capacité en fonction de la température et au remplacement du quartz dans les générateurs à ultrasons et convertisseurs électromécaniques ainsi que dans les dispositifs de mémorisation et portes optiques.

V- Les diagrammes de phase des matériaux ferroélectrique de type TTB

Les propriétés des matériaux ferroélectriques de type TTB dépendent fortement de la composition des éléments constitutifs : une faible variation de la composition conduit à un changement notable des propriétés physiques. Ainsi, on peut observer une variation de la température de Curie T_C, de la forme du pic de la constante diélectrique, de l'ordre de la transition,…etc. On peut aussi observer un comportement relaxeur généralement dans les tantalates et des phases modulées dans les niobate de baryum-sodium.

Plusieurs méthodes ont été développées pour étudier le diagramme de phase des matériaux ferroélectriques de type TTB. On peut citer les mesures optiques (diffusion

Raman), calorimétriques (DSC, ATD, ATG), mesures des constantes diélectriques en fonction de la température, de la polarisation spontanée, de cycles P-E et autres tels que la diffusion de rayons X, électrons et neutrons.

Dans la pratique, il s'agit d'élaborer des matériaux ferroélectriques de bonne qualité et d'étudier l'influence de la composition chimique x sur la température de transition T_c pour déterminer le diagramme de phase (T_C, x).

Les travaux de E. C. Subbarao et al. [20] sur l'étude de la solution solide $BaNb_2O_6 - PbNb_2O_6$ ont montré que la température de transition ferroélectrique-paraélectrique pour cette famille, dépend fortement du pourcentage de $BaNb_2O_6$ (figure AI-7).

Lorsque le nombre de moles (x) de $BaNb_2O_6$ augmente, la valeur de la température de transition diminue. Ces auteurs ont remarqué l'existence de deux phases ferroélectriques distinctes séparées par une limite perpendiculaire à l'axe des compositions. Cette ligne est similaire à celle observée entre les deux phases quadratique et rhomboédrique dans le système pérovskite Pb (Ti, Zr) O_3 [21]. De plus, dans cette famille, la température de transition décroit linéairement pour 0<x<0.35, ensuite elle augmente légèrement jusqu'au x=0.6, avec un minimum de la température critique T_C=320°C observé pour x=0.35.

Des résultats similaires ont été retrouvés par Goodman [22] et Isupov [23] en faisant une étude sur (Pb, Ba) Nb_2O_6. A titre de comparaison, l'évolution de la température de transition en fonction de la composition pour ce dernier composé est représentée sur la même figure AI-7.

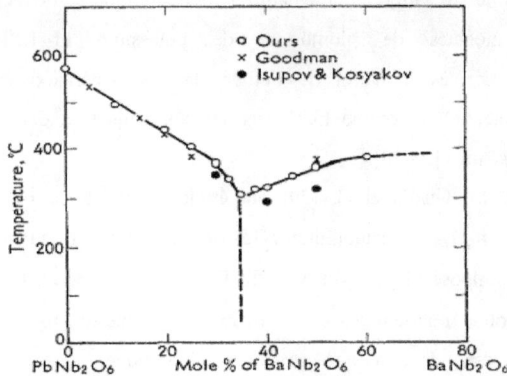

Figure AI-7 : *diagramme de phase pour le système PbNb$_2$O$_6$- BaNb$_2$O$_6$ [20, 22,23]*

En 1976, Ravez M. J et al. [24] ont étudié les deux solutions solides Sr$_{2(1-x)}$Pb$_{2x}$KNb$_5$O$_{15}$ (SPKN) et Ba$_{2(1-x)}$Pb$_{2.05x}$Na$_{1-0.1x}$Nb$_5$O$_{15}$ (BPNN) par substitution des éléments alcalino-terreux par du plomb dans les phases mères Sr$_2$KNb$_5$O$_{15}$ et Ba$_2$NaNb$_5$O$_{15}$. Ils ont montré que les deux phases présentent une structure bronze de tungstène quadratique quelle que soit la valeur de x. De plus, les deux solutions solides présentent des minimums pour la température critique autour de x ≈ 0,15 pour SPKN et de x ≈ 0,65 pour BPNN, comme on peut le voir sur les figures AI-8 a et b).

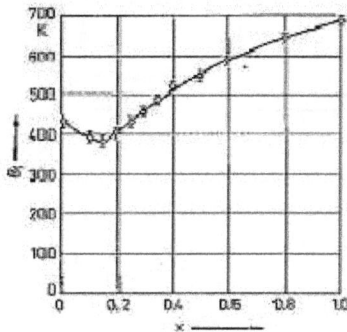

Figure AI-8a

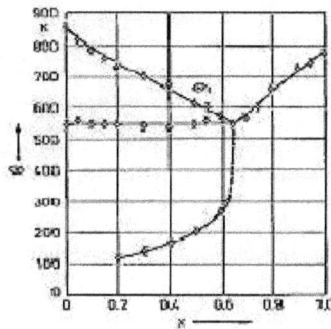

Figure AI-8b

Figure AI-8 : *diagramme de phase pour le système* Sr$_{2(1-x)}$Pb$_{2x}$KNb$_5$O$_{15}$(a) et Ba$_{2(1-x)}$Pb$_{2.05x}$Na$_{1-0.1x}$Nb$_5$O$_{15}$(b) [24]

Au cours de ces vingt dernières années, une attention particulière est portée sur l'étude des niobates de plomb et de potassium $Pb_2KNb_5O_{15}$(PKN) et ses composés dérivés. L'intérêt de l'étude de ces matériaux réside dans leurs applications potentielles comme matériaux ferroélectriques et dans leurs propriétés optiques non linéaires [25-28].

En 2003, M. Oualla et al. [29] ont étudié l'effet de la substitution dans le composé $Pb_2KNb_5O_{15}$, du gadolinium (Gd) par le plomb (Pb) sur la température de transition des composé $Pb_{2(1-x)}Gd_xK_{1+x}Nb_5O_{15}$ pour $0 \leq x \leq 1$. Ils ont observé que cette solution solide montre une région correspondant à une structure orthorhombique et une autre correspondant à une structure quadratique, séparées par une zone morphotropique autour de $x \approx 0,30$ (figure AI-9). Ils ont relevé aussi une décroissance linéaire de T_C pour la première phase $0<x<0,30$, et une légère augmentation linéaire de T_C et T_1 pour la deuxième phase $x>0,30$.

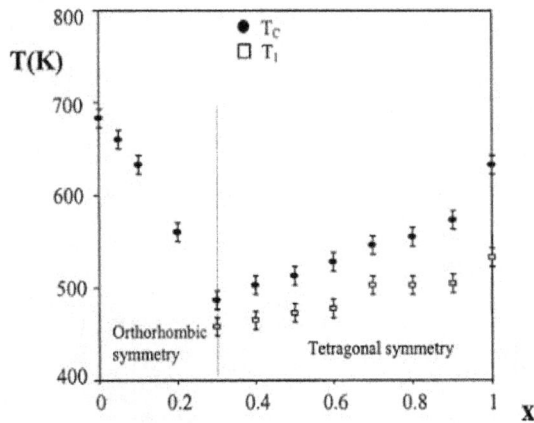

Figure AI-9 diagramme de phase pour le système $Pb_{2(1-x)}Gd_xK_{1+x}Nb_5O_{15}$ [29]

Une étude sur la même solution solide $Pb_{2(1-x)}Gd_xK_{1+x}Nb_5O_{15}$ a été réalisée en 2007 par Y. Gagou et al. [30]. Ils ont aussi montré l'existence d'un triple point dans le diagramme de phase température-composition autour de $x \approx 0,35$ et pour une température de $T \approx 225$ K (figure AI-10).

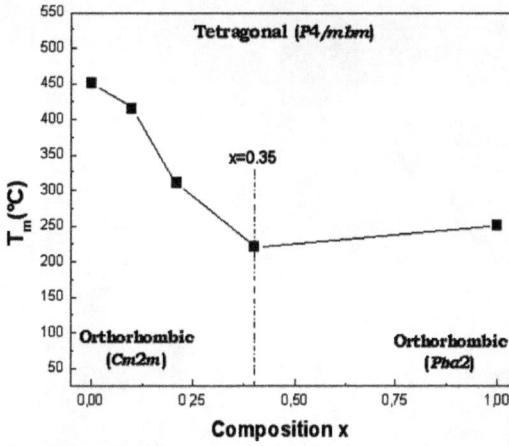

Figure AI-10 *diagramme de phase pour le système Pb$_{2(1-x)}$Gd$_x$K$_{1+x}$Nb$_5$O$_{15}$ [30]*

Chapitre AII

Modèles et théories

Chapitre AII : Modèles et théories

I- Introduction

Le modèle d'Ising est un modèle de physique statistique, utilisé pour modéliser différents phénomènes dans lesquels des effets collectifs sont produits par des interactions locales entre particules pouvant occupés deux états possibles, comme le ferromagnétisme.

En l'absence de solutions exactes de ce modèle, compte tenu des difficultés mathématiques que soulève le traitement théorique des problèmes de transition de phase, la plupart des transitions ont été interprétées dans le cadre de théories reposant sur des approximations ou des méthodes numériques.

Plusieurs des méthodes approximatives ne sont que des transpositions de la théorie du champ moléculaire de Weiss [31]. Nous citons à titre d'exemple :

- L'approximation du champ moyen basée sur le fait que chaque degré de liberté ne réagit avec ses proches voisins que par l'intermédiaire d'une moyenne déterminée de façon auto-cohérente.

- La théorie du champ effectif qui a constitué le point de départ pour plusieurs méthodes de calcul des transitions telles, la méthode de l'amas fini proposé par Boccara [32] et développée par Benyoussef et Boccara [33], ou la méthode de la loi de probabilité proposée par Kerouad, Saber et Tucker [34 , 35].

En plus de ces deux méthodes on peut citer aussi:

- La méthode de simulation de Monte Carlo Métropolis basée sur l'utilisation des nombres aléatoires pour estimer les moyennes de grandeurs physiques.

- La théorie de Landau qui fournit un cadre phénoménologique simple pour la description des transitions de phase à l'aide d'un paramètre d'ordre non nul dans la phase ferroélectrique et nul dans la phase paraélectrique.

Dans ce chapitre, nous donnons un aperçu sur le modèle et les méthodes d'approximation utilisées pour l'étude des diagrammes de phase des TTB.

II-   Modèle d'Ising

II-1- Introduction

Le modèle d'Ising a été proposé pour la première fois en 1920 par W. Lenz à son doctorant Ising pour tenter d'interpréter la transition ferromagnétique- paramagnétique dans les matériaux aimantés.

Le modèle d'Ising a récemment connu une popularité accrue et a pris sa place comme la théorie de base privilégiée de tous les phénomènes de coopération.

Les travaux d'Ising [36] montrent qu'à une dimension (d=1), le modèle ne présente pas de transition de phase à température finie. Il faut attendre l'année 1944 pour que la première résolution exacte du modèle bidimensionnel soit présentée par Onsager. Il a calculé la fonction de partition en dimension 2 en absence d'un champ extérieur [37], ce qui permet une description précise de la transition de phase. On pourrait dire que ce résultat marque le début de l'ère « moderne » du modèle d'Ising. Le même résultat a été obtenu par d'autres auteurs en utilisant des méthodes simplifiées [38-39].

II-2- Description du modèle.

Un système physique magnétique peut être représenté par un arrangement de réseau régulier de particules dans l'espace, dans lequel chaque molécule a un spin qui peut être orienté soit vers le haut ou vers le bas par rapport à la direction d'un champ extérieur appliqué. Chaque nœud du réseau spatial régulier se voit attribuer une variable à deux valeurs. Selon que cette variable a la valeur +1 ou - 1, on dit que la particule à ce nœud a spin haut ou bas.

Une configuration du réseau est un ensemble particulier de valeurs de tous les spins; s'il y a N nœuds, il y aura 2^N configurations différentes. Une configuration typique est montrée dans la Figure AII-1.

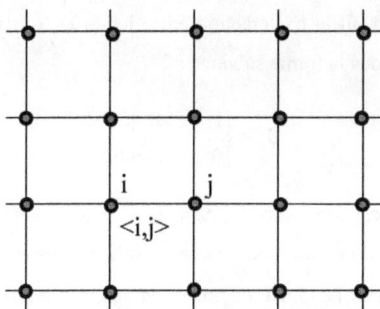

Figure AII-1 : *modèle d'Ising dans un réseau fini carré.*

Les molécules exercent seulement des forces à courte portée les unes sur les autres. En particulier, l'énergie d'interaction ne dépend que de la configuration des nœuds voisins du réseau. Les forces sont telles que, lorsque deux spins voisins sont les mêmes (les deux à la fois +1 ou -1), l'énergie d'interaction est -U, et quand deux spins voisins sont différents (l'un +1, l'autre -1), l'énergie est + U.

Le modèle d'Ising suppose que chaque nœud du réseau est occupé par un atome porteur d'un moment magnétique qui ne peut s'orienter que parallèlement ou antiparallèlement à un champ extérieur, les interactions entre moments magnétiques sont limitées aux premiers proches voisins.

La forme la plus simple du modèle d'Ising est un modèle sur une chaîne unidimensionnelle (chaîne linéaire) à spin-1/2 avec des interactions entre les proches voisins et en absence d'un champ extérieur. La chaîne linéaire est un système constitué de N atomes localisés aux sites d'un réseau, chaque atome porte un moment magnétique $\vec{S}_i$ que nous supposons librement orientable dans l'espace. L'hypothèse de Lenz et Ising est que $\vec{S}_i$ est parallèle à la direction (Oz), et que deux spins sur des sites voisins i et j ont une énergie d'interaction donnée par :

$$E_{ij}=J_{ij}S_iS_j \tag{AI-1}$$

J_{ij} représente le couplage d'interaction entre les deux sites i et j.

L'énergie totale du système est la somme des différentes énergies d'interaction E_{ij}. Elle est représentée généralement par l'Hamiltonien :

$$H=-\sum_{ij}J_{ij}S_iS_j \tag{AI-2}$$

Le terme J_{ij} qualifie l'interaction entre les S_i et S_j, dans le modèle d'Ising, on choisit le terme J_{ij} sous la forme suivante :

$$J_{ij} = \begin{cases} 1 & \text{si } |i\text{-}j|=1 \\ 0 & \text{sinon} \end{cases} \qquad (AI\text{-}3)$$

Lorsque J_{ij} est de valeur positive, il s'agit dans ce cas d'un matériau ferromagnétique, la diminution de l'énergie totale de liaison, due à l'énergie d'échange, entraîne un alignement de tous les spins selon une même direction. Lorsque $J_{ij} < 0$, on dit que le matériau est antiferromagnétique, dans ce cas les spins ont la même intensité mais sont orientés de façon antiparallèle.

II-3- Conclusion

Le modèle d'Ising est l'un des systèmes à N corps les plus extensivement étudiés. Il permet une description simple et représentative de plusieurs systèmes physiques, tels que les systèmes magnétiques, le gaz sur réseaux, les ferroélectriques,…

Les études faites par le modèle d'Ising montrent qu'il s'agit d'un modèle adapté pour décrire quantitativement et qualitativement les transitions de phases magnétiques. De plus, comme les phénomènes magnétiques différent d'une substance à l'autre, nous verrons dans la partie B comment adapter le modèle à l'étude des systèmes ferroélectriques de structure TTB.

Dans ce qui suit, nous développons les quatre méthodes utilisées dans notre étude dans le but de déterminer les diagrammes de phase des structures TTB.

III- Méthode de Monte Carlo (MC)

III-1- Historique

La méthode de Monte Carlo [40- 45] est une classe d'algorithmes informatiques qui s'appuient sur un échantillonnage aléatoire répété. Dans les applications de la mécanique statistique, avant l'introduction de l'algorithme de Metropolis, la méthode consistait donc à générer un grand nombre de configurations aléatoires du système, calculer les propriétés d'intérêt (comme l'énergie ou la densité) pour chaque configuration, et ensuite produire une moyenne pondérée où le poids de chaque configuration est son facteur de Boltzmann, exp(-E/kT), où E est l'énergie de la configuration, T est la température, et k est la constante de Boltzmann. L'apport essentiel de la méthode Metropolis est basé sur l'idée qu'au lieu de choisir des configurations de façon aléatoire, puis de les pondérer avec exp(-E/kT), on choisit les configurations avec une probabilité exp(-E/kT).

III-2- Principe de la Méthode de Monte Carlo

Pour illustrer le principe de simulation Monte Carlo, on considère le modèle de spins d'Ising avec l'interaction ferroélectrique J entre premier proches voisins.

Dans la méthode de Monte Carlo, nous ne sommes pas intéressés directement au calcul de la fonction de partition mais au calcul de la moyenne thermique d'une grandeur physique A telle que l'énergie moyenne $\langle E \rangle$, la polarisation P et la susceptibilité χ.

La valeur moyenne d'une grandeur A est définie par:

$$\langle A \rangle = \frac{\sum_i A_i \exp(-\beta H)}{Z} \qquad \text{(AII-4)}$$

En principe, il faut sommer sur toutes les configurations i dont le nombre est 2^N (N le nombre d'atomes). Mais ceci est impossible numériquement quand N est très grand.

Pour résoudre ce problème, on va utiliser **l'échantillonnage par importance** qui est basé sur le principe suivant : on choisit les états microscopiques dont les probabilités sont les plus importantes à une température donnée. Une fois ces états sont choisis, la valeur moyenne <A> est calculée par une simple sommation :

$$\langle A \rangle = \frac{1}{N} \sum_{i=1}^{N} A_i \qquad \text{(AII-5)}$$

La question qui se pose est la suivante : *comment choisir ces états ayant des probabilités importantes à la température T ?*

Afin de répondre à cette question, on va utiliser l'algorithme suivant dit « chaîne de Markov ».

L'idée principale de cette chaîne est de privilégier les régions où la fonction possède des valeurs élevées par rapport à celles où elle est proche de zéro. On tire alors ces nombres dans une distribution non uniforme qui échantillonne mieux les régions où l'intégrale est importante.

Dans la chaîne de Markov, on génère une série d'états dont l'état (i+1) s'obtient à partir de l'état précédent (i) avec une probabilité de transition appropriée P (i→i+1) entre ces deux états. Le choix de P (i→i+1) doit respecter la loi d'équilibre :

$$p_i = \frac{1}{Z(T)} \exp(-\beta E_i) \qquad \text{(AII-6)}$$

Ceci est possible si on impose à P (i→i+1) le principe du bilan détaillé

$$p_i \, P(i \rightarrow i+1) = p_{i+1} \, P(i+1 \rightarrow i) \qquad \text{(AII-7)}$$

On en déduit

$$\frac{P(i \rightarrow i+1)}{P(i+1 \rightarrow i)} = \exp(-\beta \Delta E) \qquad \text{(AII-8)}$$

avec $\Delta E = E_{i+1} - E_i$

Si cette relation d'équilibre est respectée, il n'y a pas de problème pour atteindre l'équilibre du système.

Les choix fréquemment utilisés sont :

$$P(i \rightarrow i+1) = \frac{\exp(-\beta \Delta E)}{1 + \exp(-\beta \Delta E)} \qquad \text{(AII-9)}$$

et

$$P\left(i \rightarrow i+1\right)=\begin{cases}\exp\left(-\beta\Delta E\right) & \text{si } \Delta E>0 \\ 1 & \text{si } \Delta E \leq 0\end{cases} \qquad (AII\text{-}10)$$

avec $\beta=\dfrac{1}{KT}$

et c'est ce deuxième choix qu'on va utiliser dans notre étude.

Remarque :

La puissance de la méthode de Monte Carlo réside dans la flexibilité de choix pour passer d'un état à l'autre : on peut renverser soit un bloc de spins « algorithme de Cluster » ou un seul spin. Ce dernier choix est appelé « algorithme de mise à jour spin par spin » (« single-spin flip » en anglais) ou « algorithme de Metropolis ».

III-3- Algorithme de Metropolis

L'algorithme le plus utilisée pour engendrer une chaine de Markov qui satisfait le principe du bilan détaillé a été proposé par Metropolis et al. [46].

Pour simplifier la présentation de l'algorithme, on va l'appliquer sur un modèle d'Ising dans un réseau carré avec des interactions ferroélectriques J entre proches voisins. L'Hamiltonien s'écrit :

$$H = -J\sum_{\langle i,j\rangle}S_i S_j \qquad (AII\text{-}11)$$

Où la somme s'effectue sur toutes les paires de spins premiers voisins. Les conditions aux limites sont supposées périodiques. Ensuite, on procède aux étapes suivantes :

a- Génération de l'état initial du système

Il s'agit de créer un réseau carré de dimension $N \times N$ et de donner une valeur à chaque spin. Pour un système carré, on désigne chaque site par deux indices cartésiens $(i ; j)$ correspondant à la position du site (Figure AII-2). Le spin, occupant ce site est $S(i;j))$, et est initialisé à une valeur (1 ou -1).

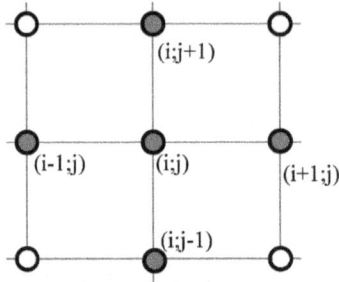

Figure AII-2 : *modèle d'Ising à deux dimensions*

b- fixation des valeurs des paramètres du système

Dans ce cas, les paramètres du modèle sont l'interaction J et la température T. L'unité d'énergie d'interaction J est fixée à 1 (J=1).

c- Calcul de l'énergie d'un spin S (i ;j)

L'énergie du spin S(i ;j) s'écrit :

$$E_1 = -J*S(i;j)*\left[S(i+1;j)+S(i-1;j)+S(i;j+1)+S(i;j-1)\right] \qquad (AII-12)$$

d- Changement de l'état du spin S(i ;j) et calcul de sa nouvelle énergie

Pour un spin d'Ising, il s'agit de changer le signe de S (i ; j). Sa nouvelle énergie est alors E_2 puis on calcule la différence entre les deux énergies $\Delta E = E_2 - E_1$.

Suivant le signe de ΔE, on peut distinguer deux cas :

* si $\Delta E < 0$, la nouvelle orientation de S (i ; j) est acceptée.

* si $\Delta E > 0$, la nouvelle orientation de S (i ; j) est acceptée seulement avec une probabilité : $\exp\left(-\frac{\Delta E}{k_b T}\right)$ avec k_b est la constante de Boltzmann.

Cette étape est appelée « mise à jour » (« update » en anglais) de spin S (i ;j).

e- Prise d'un autre spin et répétition des étapes c et d

On continue avec d'autres spins jusqu'à ce que toute la « mise à jour » de tous les spins soit réalisée. On dit qu'on a effectué un balayage ou un « pas » Monte Carlo.

f- Utilisation N_{MC} pas Monte Carlo afin de thermaliser le système

Dans l'étape a, l'état initial est choisi arbitrairement. Une répétition est nécessaire pour mettre le système à l'équilibre à la température T.

g- Calcul de la moyenne des grandeurs physiques

Durant cette dernière étape, on procède au calcul des valeurs moyennes des différentes quantités physiques. Dans le cas étudié, on calcule l'énergie moyenne

$$\langle E \rangle = \frac{1}{N_{MC}} \sum_{t=1}^{N_{MC}} E(t) \qquad \text{(AII-13)}$$

Où t est le « temps de Monte Carlo et E(t) l'énergie instantanée du système à l'instant t.

III-4- Générations des nombres aléatoires

La méthode de Monte Carlo repose sur l'existence d'un générateur de nombres aléatoires. Pour obtenir des nombres vraiment aléatoires, il faut vérifier les qualités de générations des nombres aléatoires définit par Brent [47] qui sont : l'uniformité, l'indépendance, la reproductivité, l'efficacité…

Il existe plusieurs types de générateurs de nombres pseudo- aléatoires, le plus simple est le générateur dite « congruenciel », qui fournit une suite de nombres entiers (x_n , $n \geq 0$) donnée par la relation de récurrence suivante :

$$x_{n+1} = (ax_n + c) \mod m \qquad \text{(AII-14)}$$

La valeur x_0 est appelé racine, **a** est le multiplicateur, **c** est l'accroissement et m le module de la suite.

La suite (x_n) prend des valeurs entre 0 et m-1, et la suite ($\frac{x_n}{m}, m > 1$) prend ces valeurs dans l'intervalle [0 ; 1[.

Les générateurs les plus utilisés correspondent au cas particulier d'un accroissement nul (c=0) donné par la relation

$$x_{n+1} = ax_n \mod m \qquad \text{(AII-15)}$$

Les périodes de ces suites sont de 2^{29} (rendu IBM) à 2^{48} (ranf).

Il existe d'autres classes de générateurs des nombres aléatoires comme le générateur de Kirkpatrick et Stoll donné par la relation :

$$x_n = x_{n-103} \oplus x_{n-205} \qquad \text{(AII-16)}$$

Sa période est très grande 2^{250}, et il nécessite 250 mots à stocker.

Le générateur avec la période la plus grande est sans doute celui de Matsumoto et Nishimura connu sous le nom MT19937 (Mersenne Twister génération). Sa période est de 10^{6000} ! Il utilise 624 mots par générateur et il est équidistribué dans 623 dimensions!

III-5- Conditions périodiques aux limites

Les systèmes sont généralement simulés avec des conditions aux limites périodiques pour éviter les effets de surface et minimiser les effets de taille finie. Ceci signifie qu'il est nécessaire de choisir une géométrie de boîte de simulation compatible avec les conditions aux limites périodiques. Les cas d'un réseau carré à deux dimensions dans une boîte carré et d'un réseau cubique à trois dimensions dans une boîte cubique, satisfont, par exemple, ces conditions. Les conditions aux limites périodiques d'un réseau carré à deux dimensions de L^2 spins sont : S(L+1,y)=S(1,y) et S(x,L+1)=S(x,1). Cela veut dire que le bord droit du réseau est connecté au bord gauche, et éventuellement le bord supérieur au bord inférieur.

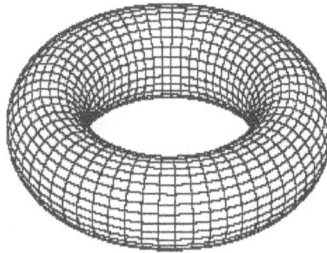

Fig. AII-3 : *Graphe avec conditions aux limites périodiques en deux dimensions*

III-6- Conclusion

Dans cette partie, nous avons exposé le principe de la simulation Monte Carlo et son implémentation à étudier des propriétés d'un système de spins.

La simulation occupe une place aussi importante dans l'étude des propriétés de la matière. L'avantage de cette méthode est sa simplicité. Elle permet ainsi de :

- visualiser l'effet de différents paramètres physiques et de donner ainsi des orientations,
- étudier des structures intéressantes qui auraient été à priori écartées et trouver facilement des structures que l'on n'aurait pas aussi bien optimisées « à la main ».

En plus, dans le calcul Monte Carlo (MC), nous n'avons pas besoin de connaître la forme mathématique de l'expression des grandeurs physiques, mais seulement son énergie qui peut être estimée à l'aide de la procédure d'acceptation et de refus.

L'inconvénient de la méthode de Monte Carlo vient de la nature aléatoire de l'échantillonnage : deux simulations de MC sur un même problème, avec les mêmes conditions, produisent deux valeurs différentes.

La méthode de Monte Carlo permet, à partir de l'Hamiltonien, d'aboutir à une estimation de la valeur de la polarisation. Les méthodes de champ moyen et champ effectif donnent à l'issue d'un calcul analytique l'expression de la polarisation qui est ensuite calculer par des méthodes numériques.

Dans la suite de ce chapitre, et avant de décrire la théorie phénoménologique de Landau, on va donner un aperçu général sur deux méthodes d'approximations numériques : la méthode de champ moyen et la méthode de la théorie de champ effectif.

IV- Méthode de Champ moyen

IV-1- Principe de la méthode

La plupart des transitions ne peuvent être décrites que dans le cadre des théories approchées. Très souvent, il s'agit d'une variante de la méthode de champ moyen (ou champ moléculaire).

Cette méthode de base, proposée par Weiss en 1907 [31], consiste à remplacer les fluctuations sur les variables S_i par la valeur moyenne par atome S [48- 50]

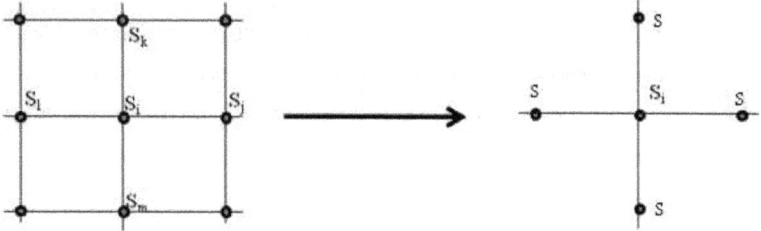

***Figure AII-4 :** schéma représentant l'approximation de champ moyen*

Dans ce cas, l'Hamiltonien d'Ising devient :

$$H = -\frac{1}{2} J \sum_{\langle i,j \rangle} S_i S_j \qquad \rightarrow \qquad H_0 = -\frac{1}{2} J \, S \, z \sum_i S_i \qquad \text{(AII-16)}$$

Avec z est le nombre de proches voisins

Si un système est en équilibre thermodynamique, la valeur moyenne d'une grandeur physique, représentée par un operateur A, est donnée par :

$$\langle A \rangle = \text{Tr}(\rho A) \qquad \text{(AII-17)}$$

Où ρ est l'opérateur densité tel que : Tr $\rho = 1$.

Pour un système en équilibre, l'expression de ρ s'obtient en minimisant l'énergie libre :

$$\beta F = \beta \text{Tr}(\rho H) + \text{Tr}(\rho \text{Ln} \rho) \qquad \text{(AII-18)}$$

On en déduit :

$$\rho = \frac{\exp(-\beta H)}{\mathrm{Tr}\,\exp(-\beta H)} \qquad \text{(AII-19)}$$

et F devient

$$F = -\frac{1}{\beta}\mathrm{Ln}\left(\mathrm{Tr}e^{-\beta H}\right) = -\frac{1}{\beta}\mathrm{Ln}Z \qquad \text{(AII-20)}$$

avec $Z = \mathrm{Tr}\left(e^{-\beta H}\right)$ la fonction de partition.

Puisqu'il est impossible de calculer exactement la fonction de partition Z, il est indispensable de se contenter d'une expression approchée F_a obtenue à partir d'un opérateur de densité approximatif ρ_0.

$$\beta F_a = \beta \mathrm{Tr}(\rho_0 H) + \mathrm{Tr}(\rho_0 \mathrm{Ln}\rho_0) \qquad \text{(AII-21)}$$

En vertu de l'inégalité

$$\mathrm{Tr}(\rho_0 \mathrm{Ln}\rho_0) \leq -\mathrm{Tr}(\rho \mathrm{Ln}\,\rho) \qquad \text{(AII-22)}$$

Si ρ est l'opérateur exact, on a :

$$\mathrm{Tr}(\rho_0 \mathrm{Ln}\rho_0) \leq -\mathrm{Tr}\left[\rho_0\left(\mathrm{Ln}\,Z + \beta H\right)\right] \qquad \text{(AII-23)}$$

D'où :

$$\beta F = -\mathrm{Ln}Z \leq -\mathrm{Tr}(\rho_0 \mathrm{Ln}\rho_0) + \beta \mathrm{Tr}(\rho_0 H) = \beta F_a \qquad \text{(AII-24)}$$

Donc :

$$\beta F \leq \beta F_a \qquad \text{(AII-25)}$$

D'après cette inéquation, la meilleure énergie libre approximative sera celle qui minimise βF_a par rapport aux paramètres de ρ_0.

Il est plus commode de faire le raisonnement sur un hamiltonien approché H_a que de raisonner sur ρ_0.

IV-2- Applications de la méthode de champ moyen sur un modèle d'Ising à deux dimensions

On considère un système d'Ising dans une structure carrée. On choisit un spin particulier et on admet que pour calculer son énergie, on peut remplacer tous les autres spins par leur valeur moyenne $\langle S_i \rangle$: on est alors ramené à un problème classique.

L'Hamiltonien d'Ising s'écrit :

$$H = -\frac{1}{2} J \sum_{\langle i,j \rangle} S_i S_j \qquad \text{(AII-26)}$$

Et l'Hamiltonien approché dans l'approximation du champ moyen est donné par :

$$H_a = -\frac{1}{2} J S z \sum_j S_j \qquad \text{(AII-27)}$$

Avec $S_i = -1$ ou $+1$

D'où :

$$\langle S_i \rangle = \frac{\text{Tr}\left(S_i e^{-\beta H_a}\right)}{\text{Tr}\left(e^{-\beta H_a}\right)} \qquad \text{(AII-28)}$$

Un calcul classique des traces donne pour la valeur moyenne de S_i :

$$\langle S_i \rangle = \tanh\left(\frac{qJS}{kT}\right) = \tanh\left(q\beta JS\right) \qquad \text{(AII-29)}$$

S est la valeur moyenne de S_i : $S = \langle S_j \rangle$ et q le nombre de plus proches voisins.

Tous les spins étant équivalents, $\langle S_i \rangle$ doit aussi être égal à S : c'est la condition d'auto-cohérence de l'approximation ; on obtient donc l'équation :

$$S = \tanh\left(q\beta JS\right) \qquad \text{(AII-30)}$$

Ce qui nous permet d'écrire :

$$\tanh^{-1}(S) = \frac{qJ}{kT} S \qquad \text{(AII-31)}$$

avec

$$\tanh^{-1}(S) = \frac{1}{2} \operatorname{Ln}\left(\frac{1+S}{1-S}\right)$$ (AII-32)

Cette équation est *l'équation fondamentale de l'approximation du champ moyen.*

IV-3-   Etude des transitions en champ moyen

L'équation (AII-31) est une équation transcendante et doit être résolue numériquement. Une idée qualitative des solutions peut être obtenue par une résolution graphique ; la, ou les solutions sont données par l'intersection de la droite $\frac{qJ}{kT}S$ avec la courbe $\tanh^{-1}(S)$ (Figure AII-5).

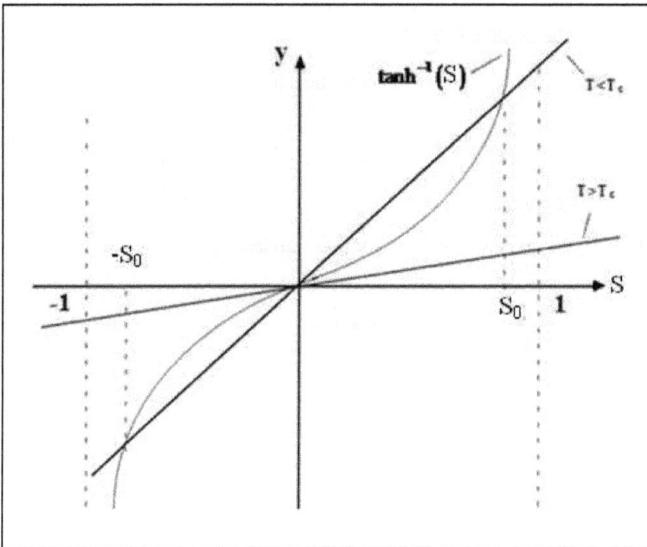

Figure AII-5 : résolution graphique de l'équation fondamentale de l'approximation du champ moyen

Le comportement, au voisinage de 0, de $\tanh^{-1}(S)$ est quasi-identique à celui de S.

Il est utile de rappeler que la courbe $\tanh^{-1}(S)$ a deux asymptotes verticales à $S = \pm 1$ et que la tangente à l'origine a une pente égale à 1.

Donc si $\beta qJ < 1$, la seule solution est S=0.

Si $\beta qJ > 1$, il y a trois solutions possibles S=0 et S= $\pm S_0$.

A partir du point d'intersection $\beta qJ = 1$, on peut définir la température de transition T_c :

$$T_c = \frac{qJ}{k} \qquad \text{(AII-33)}$$

IV-4- Comportement au voisinage de la transition

Dans cette partie, on essaie de résoudre approximativement l'équation (AII-32) au voisinage de T_c. L'aimantation est alors petite (M<<1) et on peut utiliser le développement en série de $\tanh^{-1}(S)$:

$$\tanh^{-1}(S) = S + \frac{1}{3}S^3 + o(S^3) \qquad \text{(AII-34)}$$

*** Calcul de la polarisation :**

La « température réduite» t est définie par :

$$t = \frac{T - T_c}{T_c} \qquad \Rightarrow \qquad \frac{kT}{qJ} = \frac{T}{T_c} = 1 + t \qquad \text{(AII-35)}$$

L'équation du champ moyen (AII-32) devient :

$$S \simeq (1+t)\left(S + \frac{1}{3}S^3\right) \qquad \text{(AII-36)}$$

Soit :

$$S_0 \simeq \sqrt{-3t} \qquad \text{(AII-37)}$$

Au voisinage de T_c, la polarisation spontanée se comporte donc en $(T_c - T)^{1/2}$:

$$S_0 \simeq (T_c - T)^{1/2} \qquad \text{(AII-38)}$$

La courbe donnant S_0 pour toute valeur de T peut être obtenue par la résolution numérique de l'équation (AII-32) (Figure AII-6)

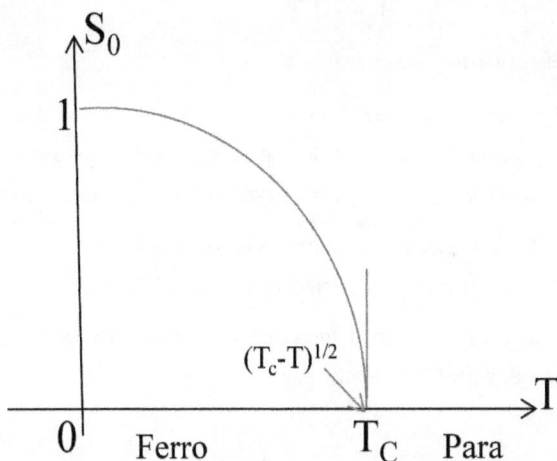

Figure AII-6 : Polarisation en fonction de T

La polarisation S_0 varie d'une façon continue avec la température. C'est une transition de second ordre. La polarisation S_0 joue le rôle du paramètre d'ordre : elle est nulle dans la phase désordonnée de haute température et non nulle dans la phase ordonnée à basse température.

IV-5- Conclusion

La théorie de champ moyen est la méthode la plus ancienne et la plus connue des méthodes d'approximations. Elle peut donner des indications qualitatives assez satisfaisantes sur les comportements critiques des systèmes physiques. Elle est basée sur le fait que chaque degré de liberté réagit avec ses proches voisins par l'intermédiaire d'une moyenne déterminée. Elle revient donc à négliger les fluctuations des degrés de liberté, ce qui est une bonne approximation en grande dimension où les voisins sont très nombreux.

V-   Théorie du champ effectif

V-1- Technique de l'amas fini

La théorie du champ effectif est basée sur l'approximation d'un amas finis contenant un spin choisi, noté 0 et les spins voisins avec lesquels il interagit directement. Dans ce cas l'hamiltonien H du système peut être divisé en deux partie :

H= H⁰+ H' où H⁰ est la partie de H contenant le spin 0 et H' contenant le reste. Pour les systèmes classiques H et H' commutent c'est à dire [H, H']=0.

On se propose de présenter la formulation de cette technique pour le modèle d'Ising de spin S décrit par l'Hamiltonien suivant :

$$H = - J \sum_{j=1}^{N} S_i S_j \qquad (AII-39)$$

Dans ce cas H_0 est donné par :

$$H_0 = - J S_0^p \sum_{j=1}^{N} S_j \qquad (AII-40)$$

Le point de départ de la théorie est les identités de type :

$$\left\langle S_0^p \right\rangle = \left\langle \frac{Trace_0 \left[S_0^p \exp(-\beta H_0) \right]}{Trace_0 \left[\exp(-\beta H_0) \right]} \right\rangle \qquad (AII-41)$$

L'évaluation des traces dans les équations donne des fonctions dont les arguments contiennent des opérateurs de spin avec lesquels le spin 0 interagit,

$$\left\langle S_0^p \right\rangle = \left\langle F_p^{(0)}(x) \right\rangle \qquad (AII-42)$$

Avec

$$x = \sum_{j=1}^{N} S_j \qquad (AII-43)$$

Et p prenant toutes les valeurs entière de 1 à 2S. Le second terme de l'équation (AII-42) vient de la structure particulière de l'hamiltonien. Les fonctions $F_p^{(S)}(x) = F_p^S$ pour les trois premières valeurs de spins sont déterminées comme suit :

-    Pour un système à spin $\dfrac{1}{2}$ on a :

$$F_1^{(\frac{1}{2})}(x) = \frac{1}{2}\,\text{th}\left(\frac{1}{2}\beta Jx\right)$$ (AII-44)

- Pour un système à spin 1 on a :

$$\begin{cases} F_1^{(1)}(x) = \dfrac{2\,\text{sh}\left(\beta Jx\right)}{1+2\,\text{ch}\left(\beta Jx\right)} \\[4mm] F_2^{(1)}(x) = \dfrac{2\,\text{ch}\left(\beta Jx\right)}{1+2\,\text{ch}\left(\beta Jx\right)} \end{cases}$$ (AII-45)

- Pour un système à spin $\dfrac{3}{2}$ on a :

$$\begin{cases} F_1^{(\frac{3}{2})}(x) = \dfrac{3\,\text{sh}\left(\dfrac{3}{2}\beta Jx\right)+\text{sh}\left(\dfrac{1}{2}\beta Jx\right)}{2\left[\text{ch}\left(\dfrac{3}{2}\beta Jx\right)+\text{ch}\left(\dfrac{1}{2}\beta Jx\right)\right]} \\[6mm] F_2^{(\frac{3}{2})}(x) = \dfrac{9\,\text{ch}\left(\dfrac{3}{2}\beta Jx\right)+\text{ch}\left(\dfrac{1}{2}\beta Jx\right)}{4\left[3\,\text{ch}\left(\dfrac{3}{2}\beta Jx\right)+\text{ch}\left(\dfrac{1}{2}\beta Jx\right)\right]} \\[6mm] F_3^{(\frac{3}{2})}(x) = \dfrac{27\,\text{sh}\left(\dfrac{3}{2}\beta Jx\right)+\text{sh}\left(\dfrac{1}{2}\beta Jx\right)}{8\left[\text{ch}\left(\dfrac{3}{2}\beta Jx\right)+\text{ch}\left(\dfrac{1}{2}\beta Jx\right)\right]} \end{cases}$$ (AII-46)

Pour calculer la moyenne donnée par l'équation (AII-42), on utilise la loi de probabilité que nous définissons dans la section suivante.

V-2- Méthode de la loi de probabilités

Considérons une fonction générale $F(S_i)$ avec $S_i = -S, -S+1, \ldots, S$ représentant les valeurs propres d'un seul spin S_i. Puisque les spins ont un nombre fini d'état de base on peut exprimer $F(S_i)$ comme suit :

$$F(S_i) = \sum_{k=0}^{2s} a_k S_i^k = a_0 + a_1 S_i + a_2 S_i^2 + \ldots + a_{2S} S_i^{2S}$$ (AII-47)

En remplaçant S_i par ces $(2S+1)$ valeurs propres, on obtient :

$$\begin{cases} F(S)=a_0+a_1S+a_2S^2+....+a_{2S}S^{2S} \\ F(S-1)=a_0+a_1(S-1)+a_2(S-1)^2+....+a_{2S}(S-1)^{2S} \\ . \\ . \\ F(-S)=a_0+a_1(-S)+a_2(-S)^2+....+a_{2S}(-S)^{2S} \end{cases} \qquad \text{(AII-48)}$$

En résolvant ces équations à variable a_i et en remplaçant les a_i dans l'équation (AII-47), on trouve les identités généralisées de Van der Waerden pour une fonction générale $F(S_i)$ [51] :

- Spin $\frac{1}{2}$

On a : $\qquad F(S_i)=a_0+a_1S_i \quad$ avec $\quad S=\pm\frac{1}{2} \qquad$ (AII-49)

$$F\left(\frac{1}{2}\right)=a_0+\frac{1}{2}a_1$$
$$F\left(-\frac{1}{2}\right)=a_0-\frac{1}{2}a_1 \qquad \text{(AII-50)}$$

Ces deux équations donnent :

$$a_0=\frac{1}{2}\left(F\left(\frac{1}{2}\right)+F\left(-\frac{1}{2}\right)\right) \quad \text{et} \quad a_1=\left(F\left(\frac{1}{2}\right)-F\left(-\frac{1}{2}\right)\right) \qquad \text{(AII-51)}$$

En remplaçant a_0 et a_1 dans (AII-49) on trouve :

$$F(S_i)=\frac{1}{2}\left[(1+2S_i)F\left(\frac{1}{2}\right)+(1-2S_i)F\left(-\frac{1}{2}\right)\right] \qquad \text{(AII-52)}$$

- Spin 1

$$F(S_i)=\frac{1}{2}\left(S_i+S_i^2\right)F(1)+\left(1-S_i^2\right)F(0)+\frac{1}{2}\left(S_i^2-S_i\right)F(-1) \qquad \text{(AII-53)}$$

- Spin $\frac{3}{2}$

$$F(S_i)=\frac{1}{48}\left[\left(-3+2S_i+12S_i^2+8S_i^3\right)F\left(\frac{3}{2}\right)+\left(27+54S_i-12S_i^2-24S_i^3\right)F\left(\frac{1}{2}\right)\right.$$
$$\left.+\left(27-54S_i-12S_i^2+24S_i^3\right)F\left(-\frac{1}{2}\right)+\left(-3-2S_i+12S_i^2-8S_i^3\right)F\left(-\frac{3}{2}\right)\right] \qquad \text{(AII-54)}$$

Ce sont les identités généralisées de Van Der Warden pour une fonction générale $F(S_i)$.

En adoptant l'approximation de Zernike [52] qui néglige les corrélations entre les quantités relatives à des sites différents :

$$\langle x_j, x_k, \ldots, x_N \rangle = \langle x_j \rangle \langle x_k \rangle \ldots \langle x_N \rangle \quad \text{avec} \quad j \neq k \ldots \neq N \quad \text{et} \quad x_j \quad \text{est un}$$

opérateur quelconque dépendant du site j.

On effectue la moyenne thermique et configurationnelle des deux termes de l'équation (AII-47), et on trouve :

$$\langle\langle F_p(x) \rangle\rangle_r = \prod_{j=1}^{N} \left[\sum_{S_j=-S}^{S} P^{(S)}(S_j) F_p^{(S)}(x) \right] \tag{AII-55}$$

Avec

$$P^{(S)}(S_j) = \sum_{n_1=-S}^{S} a^{(S)}(n) \delta_{S_j,n} \tag{AII-56}$$

Où les quantités $a^{(S)}(n)$ pour les trois valeurs de spins sont :

- Spin 1/2

$$a^{\left(\frac{1}{2}\right)}(\pm\frac{1}{2}) = \frac{1 \pm 2m}{2} \tag{AII-57}$$

- Spin 1

$$a^{(1)}(\pm 1) = \frac{m_2 \pm m_1}{2} \tag{AII-58}$$

$$a^{(1)}(0) = 1 - m_2$$

- Spin 3/2

$$a^{\left(\frac{3}{2}\right)}\left(\pm\frac{3}{2}\right) = \frac{1}{48}\left(-3 \pm 2m_1 + 12m_2 \pm 8m_3\right) \tag{AII-59}$$

$$a^{\left(\frac{3}{2}\right)}\left(\pm\frac{1}{2}\right) = \frac{1}{48}\left(27 \pm 54m_1 - 12m_2 \pm 24m_3\right)$$

Et les distributions $P^{(S)}(S_j)$ peuvent être obtenues en utilisant l'équation (AII-44) comme suit

$$\left\langle\left\langle S_j^P\right\rangle\right\rangle=\sum_{S_j=-S}^{S} S_j^p P^{(S)}\left(S_j\right)=m_p$$

Et
$$\sum_{S_j=-S}^{S} P^{(S)}\left(S_j\right)=1$$

(AII-60)

V-3- Les équations d'états

L'utilisation de la distribution de probabilité conduit aux équations couplées des paramètres d'ordre m_p :

$$\begin{aligned}
m_p &= \left\langle F_p^S(x)\right\rangle \\
&= \sum_{S_1=-S}^{S}\dots\sum_{S_N=-S}^{S} P^{(S)}\left(S_1\right)\dots P^{(S)}\left(S_N\right) F_p^S(x) \\
&= \sum_{S_1=-S}^{S}\dots\sum_{S_N=-S}^{S} \prod_{j=1}^{N} a^{(S)}\left(S_j\right) F_p^S(x)
\end{aligned}$$

(AII-61)

On obtient ainsi un système de 2S équations couplées, donnant les équations d'états du système. Ces équations qui sont valable pour n'importe quel nombre de proches voisins N, peuvent être résolues directement par itérations numériques sans faire de calcul algébrique supplémentaire. On doit mentionner que le temps de calcul est un peu grand en particulier au voisinage de la transition, c'est pourquoi il est parfois préférable de développer plus en détail les calculs algébriques avant de passer aux calculs numériques. Ceci peut se faire en utilisant la représentation intégrale de la fonction delta de Dirac [52] ou la technique de l'opérateur différentiel, dans ce cas on utilise le fait que :

$$F(x)=\int dy\ \delta(y\text{-}x)\ F(y)$$

(AII-62)

Avec la représentation intégrale suivant de la fonction delta :

$$\delta(y)=\frac{1}{2\pi}\int d\lambda\ \exp(i\lambda y)$$

(AII-63)

Ces deux équations entraînent que :

$$F_p^{(S)}(x)=\int dy F_p^{(S)}(y)\frac{1}{2\pi}\int d\lambda\left\langle\exp(\text{-}i\lambda x)\right\rangle\exp(\text{-}i\lambda y)$$

(AII-64)

On a : $x=\displaystyle\sum_{j=1}^{N} S_j$

Donc

$$m_p = \int dy F_p^{(S)}(y) \frac{1}{2\pi} \int d\lambda \left\langle \exp\left(-i\lambda \sum_{j=1}^{N} S_j\right) \right\rangle \exp(i\lambda y)$$

$$= \int dy F_p^{(S)}(y) \frac{1}{2\pi} \int d\lambda \left\langle \prod_{j=1}^{N} \exp\left(-i\lambda \sum_{j=1}^{N} S_j\right) \right\rangle \exp(i\lambda y)$$

(AII-65)

Par l'application de l'approximation de Zernike [52], on néglige les corrélations entre les quantités appartenant à des sites différents :

$$\langle x_i x_j \dots x_m \rangle = \langle x_i \rangle \langle x_j \rangle \dots \langle x_m \rangle \text{ avec } i \neq j \neq \dots \neq m \text{ et } x_i \text{ un opérateur quelconque}$$

dépendant du site i, on a donc :

$$\left\langle \prod_{j=1}^{N} \exp\left(-i\lambda S_j\right) \right\rangle = \prod_{j=1}^{N} \left\langle \exp\left(-i\lambda S_j\right) \right\rangle$$

(AII-66)

En appliquant la loi de probabilité, on trouve :

$$\left\langle \exp\left(-i\lambda S_j\right) \right\rangle = \sum_{S_j=-S}^{S} P^{(S)}\left(S_j\right) \exp\left(-i\lambda S_j\right)$$

(AII-67)

Si on remplace $P^{(S)}\left(S_j\right)$ par son expression dans cette dernière équation, et en tenant compte de l'équation (AII.67), on obtient les équations d'états pour les différents spins.

- Dans le cas du spin $\frac{1}{2}$, l'équation (AII.67) devient :

$$\left\langle \exp\left(-i\lambda S_j\right) \right\rangle = P\left(-\frac{1}{2}\right) \exp\left(i\frac{\lambda}{2}\right) + P\left(\frac{1}{2}\right) \exp\left(-i\frac{\lambda}{2}\right)$$

(AII-68)

Compte tenu des relations (AII.57 ; 58 ; 59), on peut avoir l'approximation suivante:

$$\left\langle \exp\left(-i\lambda S_j\right) \right\rangle^N = \left[\left(\frac{1}{2}-m\right)\exp\left(i\frac{\lambda}{2}\right) + \left(\frac{1}{2}+m\right)\exp\left(-i\frac{\lambda}{2}\right)\right]^N$$

(AII-69)

En utilisant le développement binomial $(x+y+z)^N = \sum_{j=0}^{N} C_j^N x^j (y+z)^{N-j}$, l'équation (AII.69) s'écrit alors :

$$\left\langle \exp\left(-i\lambda S_j\right)\right\rangle^N = \sum_{j=1}^{N} C_j^N \left(\frac{1}{2}-m\right)^j \exp\left(i\frac{\lambda}{2}j\right)\left(\frac{1}{2}+m\right)^{N-j} \exp\left(-i\frac{\lambda}{2}(N-j)\right)$$

$$= \sum_{j=1}^{N} C_j^N \left(\frac{1}{2}-m\right)^j \left(\frac{1}{2}+m\right)^{N-j} \exp\left(-i\frac{\lambda}{2}(N-2j)\right) \qquad \text{(AII-70)}$$

Par conséquent, la valeur moyenne effectuée sur les proches voisins du spin central peut s'écrire sous la forme :

$$\left\langle F_p^{(S)}(x)\right\rangle = \int dy F_p^{(S)}(y) \frac{1}{2\pi} \int d\lambda \sum_{j=0}^{N} C_j^N \left(\frac{1}{2}-m\right)^j \left(\frac{1}{2}+m\right)^{N-j} e^{\left(-i\frac{\lambda}{2}(N-2j)\right)\exp(i\lambda y)}$$

$$= \sum_{j=0}^{N} C_j^N \left(\frac{1}{2}-m\right)^j \left(\frac{1}{2}+m\right)^{N-j} \int dy F_p^{(S)}(y) \frac{1}{2\pi} \int d\lambda e^{\left(i\lambda\left(y-\frac{1}{2}(N-2j)\right)\right)} \qquad \text{(AII-71)}$$

Par l'utilisation de la définition de la fonction delta de Dirac on obtient alors :

$$m_z^{1/2} = \sum_{j=0}^{N} C_j^N \left(\frac{1}{2}-m\right)^j \left(\frac{1}{2}+m\right)^{N-j} F^{(1/2)}\left(\frac{1}{2}(N-2j)\right) \qquad \text{(AII-72)}$$

De la même façon, nous pouvons obtenir les expressions des paramètres d'ordre pour les autres valeurs de spins.

- Spin 1 :

$$m_p = \sum_{i=0}^{N} \sum_{j=0}^{N-i} C_i^N C_j^{N-i} \left(\frac{1}{2}\right)^{N-i} \left(1-m_2\right)^i \left(m_2-m_1\right)^j \left(m_2+m_1\right)^{N-i-j} F_p^{(1)}\left(N-i-2j\right) \qquad \text{(AII-73)}$$

- Spin 3/2 :

$$m_p = \frac{1}{48^N} \sum_{i=0}^{N} \sum_{j=0}^{N-i} \sum_{k=0}^{N-i-j} C_i^N C_j^{N-i} C_k^{N-i-j} 3^{j+k} \left(-3+2m_1+12m_2-8m_3\right)^i$$

$$\left(9-18m_1-4m_2+8m_3\right)^j + \left(9+18m_1-4m_2-8m_3\right)^k \qquad \text{(AII-74)}$$

$$\left(-3-2m_1+12m_2+8m_3\right)^{N-i-j-k} F_p^{(3/2)}\left(\frac{1}{2}(3N-4j-k)\right)$$

Ces équations sont valables pour n'importe quel nombre de proches voisins N et peuvent être résolues directement par itérations numériques sans faire de calculs supplémentaires. Si on est intéressé par l'obtention d'une puissance particulière de m_p, par exemple pour le spin 1/2, après un développement binomial on trouve :

$$m_{1/2} = \sum_{i=0}^{N} \sum_{j=0}^{i} \sum_{k=0}^{N-i} C_i^N C_j^i C_k^{N-i} \left(-1\right)^{i+k} m_{1/2}^{N-j-k} F^{(1/2)}(x) \qquad \text{(AII-75)}$$

Au voisinage de la température critique, l'aimantation $m_{1/2}$ tend vers 0, ce qui nous permet de la linéariser, par conséquent, tous les termes d'ordre supérieur à 1 dans l'équation de l'aimantation peuvent être négligés, ceci conduit à : $m_{1/2} = Am_{1/2}$. Ainsi pour déterminer la transition du second ordre on utilise l'équation suivante : $(A-1)m_{1/2} = 0$.

VI- Théorie de Landau

VI-1- Introduction

La théorie de Landau des transitions de phases de second ordre est fondée sur l'existence d'un paramètre d'ordre η, dont la valeur caractérise la présence de symétrie dans le système considéré. Dans la phase désordonnée, de symétrie élevée, généralement à haute température, le paramètre d'ordre est nul. Lorsque la température diminue, il apparaît au point critique une brisure spontanée de la symétrie et le paramètre d'ordre prend une valeur d'équilibre non nulle dans la phase ordonnée, de symétrie moindre.

Au voisinage du point critique, le paramètre d'ordre ayant une valeur proche de zéro, Landau suggère de développer l'énergie libre en puissance de η. De ce développement de Landau découlent les valeurs des exposants critiques (de champ moyen) qui caractérisent les comportements des diverses grandeurs thermodynamiques en lois de puissance de l'écart au point critique.

La théorie de Landau fournit un cadre phénoménologique simple pour la description des transitions de phase.

VI-2- Paramètres d'ordres

Dans le modèle de Landau, le système est caractérisé quantitativement par un paramètre d'ordre η (grandeur physique) :

-η=0 dans la phase désordonnée (haute température).

-η≠0 dans la phase ordonnée (basse température).

Pour les transitions de phase, Landau proposa la classification suivante :

i) Les transitions de phase du premier ordre s'accompagnent d'une discontinuité du paramètre d'ordre (*Figure AII-7).*

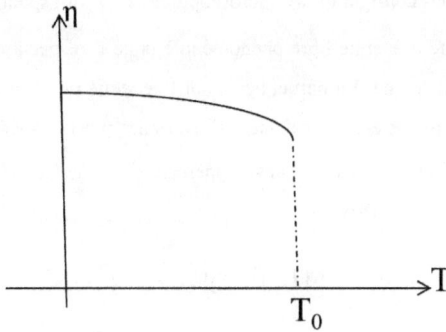

Figure AII-7 : *Discontinuité du paramètre d'ordre η pour une transition du premier ordre.*

ii) Pour la transition de phase du deuxième ordre, le paramètre d'ordre croit d'une façon continue (**Figure AII-8)**.

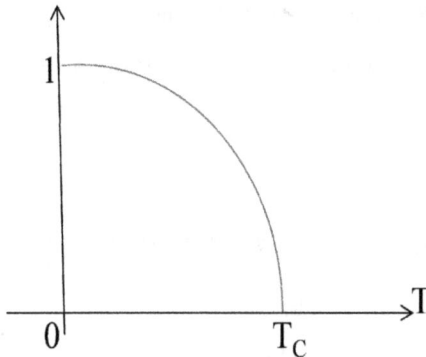

Figure AII-8 : *le paramètre d'ordre en fonction de T lors d'une transition de second ordre*

VI-3- Cadre général de la théorie de Ginzburg-Landau

a- Présentation

On considère un système constitué de spins classiques discrets S_i placés sur les nœuds d'un réseau. Aux différentes configurations microscopiques $\{S_i\}$, on associe une distribution continue du paramètre d'ordre η.

A l'ensemble des configurations microscopiques $\{P_i\}$ correspondant à la valeur η, on associe une densité d'énergie libre phénoménologique f, respectant les symétries de l'hamiltonien microscopique. En particulier, pour une symétrie électrique, l'invariance par renversement du temps est équivalente à l'invariance par la transformation $\eta \rightarrow -\eta$, ce qui conduit à ne conserver dans le développement de f que les puissances paires du paramètre d'ordre et de ces dérivées.

$$f(\eta) = f_0 + \alpha(T)|\eta|^2 + \beta|\eta|^4 + K|\vec{\nabla}\eta|^2 + ... \qquad \text{(AII-76)}$$

Le terme en gradient intervient pour rendre compte de l'interaction d'échange entre spins dans la limite continue. Cette interaction limite les fluctuations spatiales des spins dans la configuration d'équilibre, ce qui exige que K soit positif. Le coefficient $\alpha(T)$ change de signe au point critique, $\alpha(T_c) = 0$, et il est positif dans la phase désordonnée. β (ou, en général, le coefficient du terme de plus forte puissance de $|\eta|$) est positif afin de limiter l'amplitude des fluctuations.

L'énergie libre d'une configuration est obtenue en intégrant la densité f sur le volume du système

$$F(\eta) = \int_V f(\eta)\, dv \qquad \text{(AII-77)}$$

Et la fonction de partition est obtenue en sommant sur les distributions du paramètre d'ordre

$$Z(T) = \sum_{\{\eta\}} \exp\left[-\frac{F(\eta)}{k_b T}\right] \qquad \text{(AII-78)}$$

On obtient ainsi le modèle de Ginzburg-Landau [53, 54].

b- Transition du second ordre

Pour une transition de second ordre, le développement de F(η) au voisinage de T_c s'écrit sous la forme

$$F(\eta) = F_0 + a(T\text{-}T_c)\eta^2 + c\eta^4 \qquad \text{(AII-79)}$$

La valeur de η qui rend cette expression minimale est solution de l'équation suivante :

$$\frac{\partial F}{\partial \eta} = 0 \quad \Leftrightarrow \quad 2a\left(T-T_c\right)\eta + 4c\eta^3 = 0 \tag{AII-80}$$

Pour $T>T_c$, cette équation n'a qu'une seul solution : $\eta=0$, Tandis qu'elle en a trois : $\eta=0$ et $\eta = \pm \sqrt{-a\left(T-T_c\right)/2c}$ si $T<T_c$.

Ces résultats apparaissent clairement sur la figure AII-9

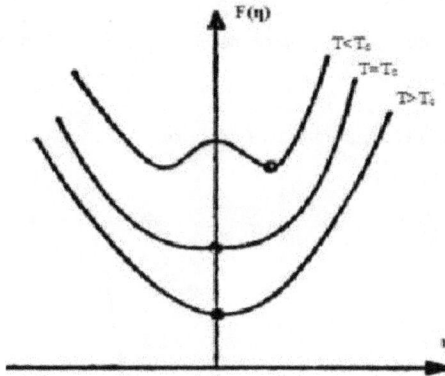

Figure AII-9 : *variation de l'énergie libre en fonction du paramètre d'ordre.*

On constate que pour $T<T_c$, la solution nulle correspond à un état d'équilibre instable, donc la solution est rejetée.

Au voisinage de T_c, le paramètre d'ordre se comporte comme $\sqrt{T_c-T}$.

On note que les deux états ordonnés pour lesquels $\eta>0$ et $\eta<0$ sont de même énergie. Ils correspondent, par exemple, pour les ferromagnétiques à deux sens possibles de l'aimantation.

c- Transition du premier ordre

Une transition de phase est déterminée dans le cadre de la théorie de Landau par les paramètres qui interviennent dans le développement de l'énergie libre.

Dans le paragraphe précédent, nous avons limité le développement de Landau au quatrième ordre.

Pour un système homogène, Considérons le cas du développement suivant :

$$f(\eta) = f_0 + \alpha(T)\eta^2 + \beta\,\eta^4 + \gamma\,\eta^6 + \ldots \qquad\qquad \text{(AII-81)}$$

Comme précédemment, $\alpha(T) = a(T\text{-}T_c)$ change de signe à une température T_c.

- Si $\beta > 0$, les termes suivants du développement sont négligeables devant $\beta\,\eta^4$ au voisinage de la valeur d'équilibre η_0 et on est en présence d'une transition de second ordre.

- Si $\beta < 0$ en revanche, un terme en $\gamma\,\eta^6$ (avec $\gamma > 0$) s'impose pour restaurer l'équilibre.

Les courbes d'énergie libre ont l'allure suivante dans une région de température ou $\alpha > 0$ (Figure AII-10) :

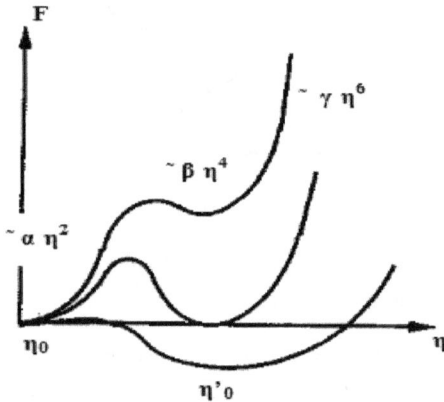

Figure AII-10 : Energie libre pour une transition du premier ordre

- Pour une température $T > T_0$, la solution d'équilibre est donnée par $\eta_0 = 0$.

- Lorsque $T < T_0$, le paramètre d'ordre à l'équilibre a une valeur η'_0 non nulle.

- A la température T_0, les deux solutions η_0 et η'_0 correspondent à la même énergie libre et les deux phases coexistent. Le paramètre d'ordre subit ainsi une discontinuité à T_0 et la susceptibilité reste finie. Cela caractérise une transition de premier ordre.

VII-Conclusion

Dans ce chapitre, nous avons exposé les différents méthodes et modèles théoriques (Modèle d'Ising, méthode de Monte Carlo, théorie de champ moyen et champ effectif et la théorie phénoménologique de landau).

Le modèle d'Ising est un modèle proposé pour étudier les propriétés des matériaux magnétiques, mais il n'a jamais été utilisé pour les matériaux ferroélectriques.

Dans la partie B de ce manuscrit, nous avons appliqué ce modèle pour déterminer le diagramme de phase des matériaux ferroélectrique de structure de bronze de tungstène pour confirmer les résultats expérimentaux déjà trouvés pour les PKLN et PKGN au sein de nos laboratoires LMCN de Marrakech et LPMC d'Amiens, et prédire les diagrammes d'autres composés.

PARTIE -B-

Etude des propriétés ferroélectriques

d'un matériau de structure TTB

Chapitre BI

Etude par la méthode de champ moyen d'un système ferroélectrique de structure TTB

Chap. BI- : Etude par Champ moyen d'un système ferroélectrique de type TTB

I-Introduction

L'approximation de champ moyen consiste à admettre qu'un spin S_i au site i est sensible uniquement à une influence moyenne exercée par les spins voisins.

L'objectif de ce chapitre est l'étude d'un système ferroélectrique de structure TTB en utilisant l'approximation de champ moyen. Le diagramme de phase d'un système d'Ising ferroélectrique à deux dimensions est déterminé en calculant les différents types de polarisations et les températures de transition en fonction des interactions entre les spins.

II- Formalisme

Malgré la simplicité du modèle d'Ising et les grands efforts d'une génération de physiciens, sa solution exacte n'est trouvée que pour un système binaire dans le cas d'une dimension (d=1) par Ising en 1920 lors de l'étude d'une transition de phase à T=0K [36].

Cependant, le modèle d'Ising bidimensionnel (d=2) présente une transition de phase à T ≠ 0 K, il a été résolu exactement par Onsager en 1944 [37]. Après cette étude, ce modèle est devenu l'un des problèmes les plus étudiés en mécanique statistique.

Etant données les difficultés mathématiques qui soulèvent les traitements théoriques exactes, la plupart des transitions des phases ne peuvent s'interpréter que dans le cadre des théories reposant sur des approximations.

Le modèle d'Ising fut alors l'objet de plusieurs méthodes d'approximations dont la plus simple et la plus connue est l'approximation du champ moyen. C'est cette dernière qui sera utilisée dans cette étude.

Cette méthode est basée sur le fait que chaque degré de liberté ne réagit avec ses proches voisins, que par l'intermédiaire d'une moyenne déterminée de façon auto-cohérente. Elle néglige donc les fluctuations des degrés de liberté, ce qui est une bonne approximation pour les grandes dimensions où les voisins sont très nombreux.

On considère un modèle d'Ising décrit par l'Hamiltonien:

$$H = - J_x^a \sum_{\langle i,j \rangle} P_{i,j}^y P_{i+1,j}^y - J_x^b \sum_{\langle i,j \rangle} P_{i,j}^x P_{i+1,j}^x - J_y^a \sum_{\langle i,j \rangle} P_{i,j}^y P_{i,j+1}^y - J_y^b \sum_{\langle i,j \rangle} P_{i,j}^x P_{i,j+1}^x \qquad \text{(BI-1)}$$

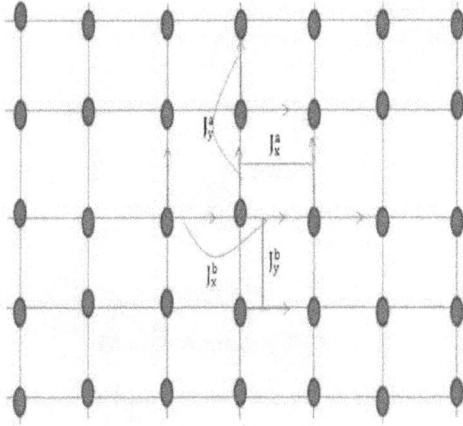

Figure BI-1 : *Schéma représentatif d'un film d'Ising à deux dimensions avec trois*
composantes.

La sommation $\sum\limits_{\langle i,j \rangle}$ est étendue à toutes les paires des proches voisins.

On a deux types d'interactions pour chaque composante : pour la composante P_i^y
, on distingue J_x^a suivant la direction (Ox) et J_y^a suivant la direction (Oy). Pour la
composante P_i^x, J_x^b suivant la direction (Ox) et J_y^b suivant la direction (Oy).

L'Hamiltonien réduit dans ce cas s'écrit sous la forme :

$$H_0 = -h_a \sum_{\langle i,j \rangle} P_{ij}^x - h_b \sum_{\langle i,j \rangle} P_{ij}^y \qquad (BI-2)$$

Avec

$$h_a = 2P_x(1 + R_3) \quad \text{et} \quad h_b = 2P_y(R_1 + R_2) \qquad (BI-3)$$

Avec : $R_1 = J_x^b/J_x^a$; $R_2 = J_y^b/J_x^a$ et $R_3 = J_y^a/J_x^a$

Cette équation peut être écrite sous la forme :

$$H_0 = \sum_{\langle i,j \rangle} H_{0ij} \qquad (BI-4)$$

Les moyens thermiques sont donnés par les expressions suivantes :

$$\langle P_i^x \rangle = \frac{Tr\left(P_i^x \; e^{-\beta H_0}\right)}{Tr\left(e^{-\beta H_0}\right)} \quad \text{et} \quad \langle P_i^y \rangle = \frac{Tr\left(P_i^y \; e^{-\beta H_0}\right)}{Tr\left(e^{-\beta H_0}\right)} \qquad (BI-5)$$

En calculant les traces, on trouve :

$$Tr\left(P_i^x \, e^{-\beta H_0}\right) = \sinh A + \sinh B \qquad (BI-6)$$

$$Tr\left(P_i^x \, e^{-\beta H_0}\right) = \sinh A - \sinh B \qquad (BI-7)$$

$$Tr\left(P_i^x \, e^{-\beta H_0}\right) = \cosh A + \cosh B \qquad (BI-8)$$

Avec

$$A = \beta h_a + \beta h_b \quad \text{et} \quad B = \beta h_a - \beta h_b$$

Ce qui nous donne les expressions des deux polarisations : P_x suivant Ox et P_y suivant Oy

$$P_x = \frac{\sinh A + \sinh B}{\cosh A + \cosh B} \qquad (BI-9)$$

et

$$P_y = \frac{\sinh A - \sinh B}{\cosh A + \cosh B} \qquad (BI-10)$$

Un résultat numérique de ces deux équations, à l'aide d'un programme sur Fortran, nous déterminer de calculer les paramètres physiques suivants :

- Les différentes polarisations en fonction de T,
- les températures de transition pour différentes valeurs de R_1 pour représenter les diagrammes de phase dans le plan(T ; R_1).

III-   Résultats et discussions

Dans ces travaux, nous étudions l'effet de l'interaction suivant les axes (Ox) et (Oy) sur la température maximale pour un modèle d'Ising ferroélectrique.

Dans un premier temps, et pour avoir une idée générale sur la résolution des équations (9) et (10), nous allons étudier le cas particulier en prenant $R_2 = 0, R_3 = 1$, et en faisant varier R_1 de 0 à 4.

La figure BI-2 représente le diagramme de phase dans le plan (T_C, R_1)

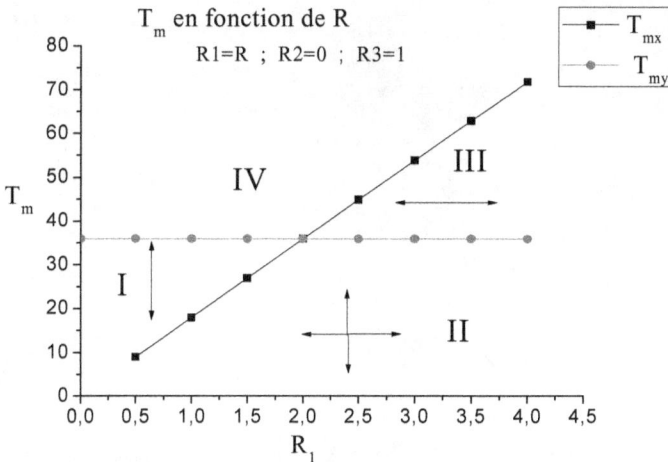

Figure BI-2: *Diagramme de phase* $(T_m; R_1)$ *pour* $R_2 = 0$ *et* $R_3 = 1$

Dans cette figure, on remarque l'existence de quatre régions différentes: deux régions (I) et (III) ferroélectriques stables suivant (Oy) ou (Ox) respectivement. La région (II) correspond à un état ferroélectrique dont la polarisation se trouve dans le plan (Oxy). Elle est caractérisée par la coexistence des deux polarisations P_x et P_y. et la région (IV) correspond à un désordre total (état totalement paraélectrique : $P_x = P_y = 0$).

On peut noter aussi que la température critique T_c^y reste constante pour toutes les valeurs de $R_1 \epsilon [0,4]$, alors que la température critique T_c^x croit linéairement avec l'augmentation de R_1.

Le point triple est obtenu pour $R_{1c} = 2.0$. Au dessous de cette valeur critique($R_{1c} < 2.0$), on remarque une séquence de deux transitions de phase : la première se fait de la zone (II) absolument ferroélectrique vers la zone (I) partiellement ferroélectrique suivant (Oy), la deuxième transition se fait de la zone (I) vers la zone (III) absolument paraélectrique.

Une autre étude est réalisée pour une valeur constante et nulle de R_2 ($R_2 = 0$), mais en faisant varier respectivement les paramètres R_1 et R_3 dans les intervalles $[0,4]$ et $[0,2.5]$.

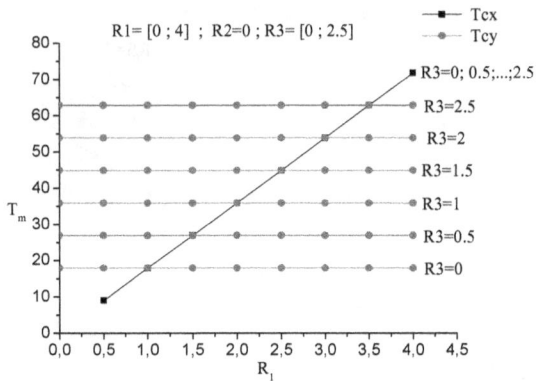

Figure BI-3: *Diagramme de phase* $(T_m ; R_1)$ *pour* $R_2 = 0$ *et* $R_3 \in [0 ; 2.5]$

Le diagramme de phase (Figure BI-3) montre que la température critique T_c^y varie linéairement en fonction de R_3, mais T_c^x reste constante pour tous les valeurs de R_3.

En fonction du paramètre d'interaction R_1, on note les mêmes évolutions des températures de transition T_m^y et T_m^x décrites dans le diagramme précédent.

IV- Conclusion

Comparée à la simulation de Monte Carlo, la théorie de champ moyen est une méthode de calcul simple qui nous a permis de déterminer la variation des températures de transitions en fonction des différentes interactions.

Nous avons montré que :

- la température de transition $T_m{}^y$ suivant la direction Oy reste constante en fonction de R_1, mais elle augmente en fonction de R_3.

- la température de transition $T_m{}^x$ suivant la direction Ox augmente linéairement avec R_1 et reste constante en fonction de R_3.

Ces résultats ne sont pas tout à fait en bon accord avec ceux trouvés expérimentalement car dans la méthode de champ moyen, les fluctuations entre les particules sont négligées.

Dans le chapitre suivant, nous résolvons ce problème en appliquant la méthode de Monte Carlo sur le même système à deux dimensions.

Chapitre BII

Nouveau modèle pour un système ferroélectrique de type TTB :

Simulation Monte Carlo

Chapitre BII
Nouveau modèle pour un système ferroélectrique de type TTB :
Simulation Monte Carlo

Dans ce chapitre, nous allons proposer un modèle de spin type Ising pour étudier les transitions de phase et déterminer le diagramme de phase d'un composé ferroélectrique de structure TTB. Ce modèle est représenté par un réseau carré et dont les moments dipolaires sont situés sur les nœuds du réseau. La polarisation $\vec{P}$ est un vecteur à trois composantes telles que $\vec{P} = (P_x ; P_y ; P_z)$. La méthode Monte Carlo basée sur l'algorithme de Metropolis [46] nous permettra de comparer ce diagramme de phase avec celui établi expérimentalement.

I- Etude du diagramme de phase d'un TTB à deux dimensions (deux composantes) par la méthode de Monté Carlo.

I-1- Modèle

L'Hamiltonien que nous proposons est caractérisé par six types d'interactions liées à six types de configurations pour la polarisation : $\vec{P} = (\pm 1, 0, 0)$, $\vec{P} = (0, \pm 1, 0)$ ou $\vec{P} = (0, 0, \pm 1)$. Ainsi l'énergie des différentes interactions possibles est donnée par

$$H = -J_x^a \sum_{<i,j>} P_{i,j}^x P_{i+1,j}^x - J_x^b \sum_{<i,j>} P_{i,j}^x P_{i,j+1}^x - J_y^a \sum_{<i,j>} P_{i,j}^y P_{i+1,j}^y - J_y^b \sum_{<i,j>} P_{i,j}^y P_{i,j+1}^y - J_z^a \sum_{<i,j>} P_{i,j}^z P_{i+1,j}^z - J_z^b \sum_{<i,j>} P_{i,j}^z P_{i,j+1}^z \quad \text{(BII-1)}$$

Dans un premier temps, et pour simplifier les calculs, on suppose que la composante P_z reste toujours constante pour tous les sites du réseau. Par conséquent les configurations possibles pour la polarisation sont $(\pm 1, 0)$ et $(0, \pm 1)$ et l'énergie du système, à une constante près, devient

$$H = -J_x^a \sum_{<i,j>} P_{i,j}^x P_{i+1,j}^x - J_y^a \sum_{<i,j>} P_{i,j}^x P_{i,j+1}^x - J_x^b \sum_{<i,j>} P_{i,j}^y P_{i+1,j}^y - J_y^b \sum_{<i,j>} P_{i,j}^y P_{i,j+1}^y \quad \text{(BII-2)}$$

Comme le montre la figure (BII-1), chaque composante de la polarisation est concernée par deux types d'interactions qu'il faut distinguer selon la direction du couplage J: J_x^a et J_y^a pour la composante P_y et J_x^b et J_y^b pour la composante P_x.

La sommation $\sum_{\langle i;j \rangle}$ concerne seulement les interactions entre les plus proches voisins (Figure BII-1).

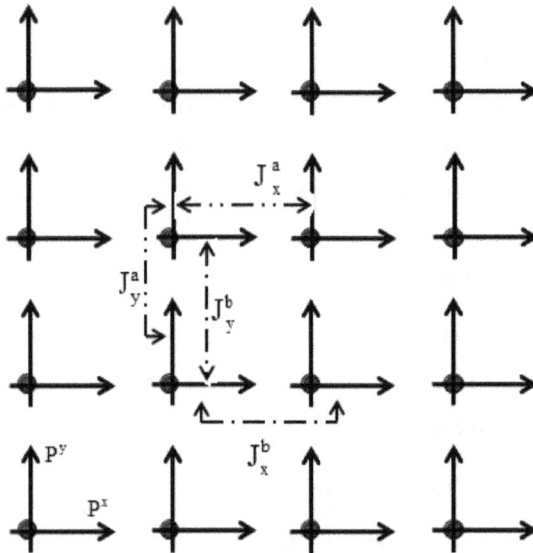

Figure BII-1 : *Modèle d'interactions à deux dimensions pour les composantes Px et Py.*

On distingue deux types d'interactions pour chaque composante P_x et P_y de $\vec{P}$: pour P_x on note J_x^a l'interaction suivant la direction (Ox) et J_y^a suivant la direction (Oy) et pour P_y, J_x^b est l'interaction suivant la direction (Ox) et J_y^b suivant la direction (Oy).

Pour minimiser l'effet de la taille finie, on va considérer une taille infinie justifiée par des conditions périodiques aux limites. Les simulations Monte Carlo sont réalisées en se basant sur trois états initiaux ((1 ; 0), (0 ; 1) et un état initial aléatoire), l'algorithme de Metropolis et en générant les résultats avec 10^5 pas de Monte Carlo.

Les composantes P_x et P_y sont calculées en utilisant les équations suivantes :

$$P_x = \frac{1}{N} \sum_{i,j}^{N} P_{i,j}^x \qquad \text{(BII-3)}$$

$$P_y = \frac{1}{N} \sum_{i,j}^{N} P_{i,j}^y \qquad \text{(BII-4)}$$

Pour chaque composante de la polarisation, la susceptibilité est donnée par :

$$\chi_x = \beta N \left(\langle P_x^2 \rangle - \langle P_x \rangle^2 \right) \qquad \text{(BII-5)}$$

$$\chi_y = \beta N \left(\langle P_y^2 \rangle - \langle P_y \rangle^2 \right) \qquad \text{(BII-6)}$$

où $\beta = \dfrac{1}{K_B T}$, N est le nombre de sites dans le réseau et la notation $\langle \ \rangle$ désigne la moyenne thermique.

Les transitions de phases sont caractérisées par le pic de la susceptibilité qui se produit à la température critique.

I-2-   Résultats et discussions

Pour comprendre l'importance de ce nouveau modèle nous allons nous limiter dans les calculs à un cas très simplifié où toutes les interactions sont constantes et de même valeurs ($J_y^a = J_x^b = J_y^b = 1.0$) sauf le couplage : J_x^a qui reste variable dans l'intervalle [0,2] pour garantir différentes intensités pour la valeur de cette force d'interaction. Les résultats trouvés sont calculés à partir de trois configurations initiales différentes.

a- Configuration initiale $\left(S_x ; S_y \right)_i = \left(1;0 \right)$

Les résultats des calculs réalisés pour la température de transition en fonction de l'interaction J_x^a que l'on note J sont représentés sur la figure BII-2.

La figure BII-2 montre clairement l'existence de trois zones distinctes; deux zones ordonnées (zone I et zone II) avec des valeurs différentes pour les composantes P_x et P_y. La zone III où $P_x = P_y = 0$ représente la phase paraélectrique.

Les résultats du diagramme de cette figure montrent que pour J<1.0, le système étudié présente une transition de la phase paraélectrique à la phase ordonnée de la zone I

($P_x \neq 0, P_y = 0$) et pour J>1.0 le système présente deux transitions : la première transition caractérise la transition de la phase paraélectrique (zone III) à la phase ordonnée (zone II) puis une deuxième transition de la zone II à la zone I.

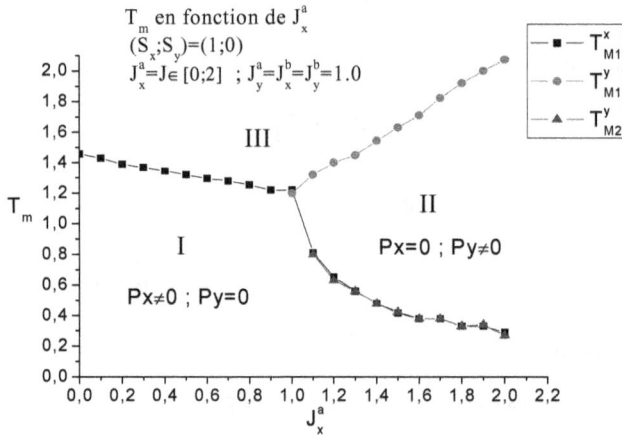

Figure BII-2 : *diagramme de phase dans le plan* $(T_m; J_x^a)$ *pour le cas initial* $(S_x, S_y)_i = (1,0)$

On remarque ainsi l'apparition de deux températures critiques pour les valeurs de J>1.0 avec un comportement croissant de la température de transition (T_m) (ligne rouge) lorsque J augmente. Par contre pour J<1.0 une seule température de transition est observée et décroit légèrement lorsque J augmente (ligne noir).

Ainsi, la transition est directe pour J<1.0 (phase ferroélectrique suivant Ox vers une phase totalement paraélectrique). Alors que la transition de phase pour J>1.0 se fait en deux étapes : un changement de structure d'une phase ordonnée suivant Ox vers une phase ordonnée suivant Oy ; puis une deuxième transition de la phase ordonnée suivant Oy vers la phase paraélectrique de toutes les composantes P_x et P_y.

On remarque que le système présente un point triple pour J=1.0 caractérisé par l'existence des deux polarisations P_x et P_y qui s'annulent pour la même valeur de T_m ($T_{mx} = T_{my} = 1.2$), ce qui implique une transition directe d'une phase ferroélectrique suivant Ox et Oy vers une phase totalement paraélectrique.

A basse température ($T_m < 1.2$), on observe un seul changement de phase pour J>1: phase ferroélectrique suivant Ox vers une phase ferroélectrique suivant Oy sans passer par la phase paraélectrique. Par contre, à haute température (T_m>1.2), on a deux possibilités de changement de phase : de la phase ferroélectrique (la polarisation suivant Ox pour J<1 ou suivant Oy pour J>1) vers une phase paraélectrique.

Les résultats de l'étude de la variation de la polarisation en fonction de la température sont représentés sur les figures BII-3. Cette étude est réalisée pour certaines valeurs de : $J_x^a = J$ comprises entre 0 et 2 avec toujours la condition J_x^b=J_y^a=J_y^b=1.0 .

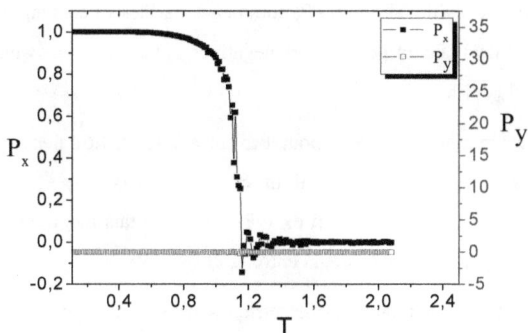

Figure BII-3a : *la variation des polarisations P_x et P_y en fonction de la température pour $J_x^a = 0.4$ pour l'état initial $(S_x, S_y)_i=(1,0)$*

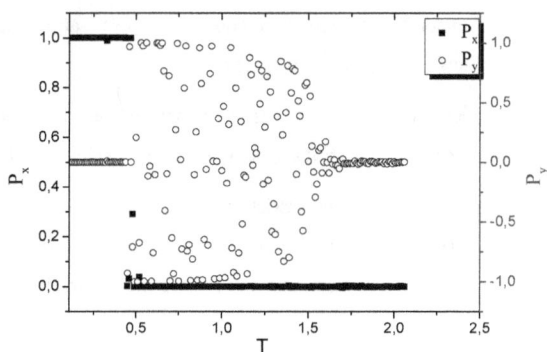

Figure BII-3b : *la variation des polarisations P_x et P_y en fonction de la température pour $J_x^a = 1.4$ pour l'état initial $(S_x, S_y)_i=(1,0)$*

Cette figure montre que pour J=0.4, une seule transition pour le système a lieu à T_{mx}=1.33. En effet la polarisation P_x est maximale pour des températures basses et commence à diminuer au fur et à mesure que la température augmente jusqu'à ce qu'elle s'annule à T=T_m=1.33. Par contre, la polarisation P_y reste toujours nulle pour toutes les valeurs de la température. Ceci confirme les résultats du diagramme de phase de la figure B1-2 : Transition Zone I- Zone III.

Pour J_x^a=1.4, la polarisation P_x prend des valeurs constantes et égales à 1 avant de s'annuler pour T_{mx}=0.48. Par contre, P_y commence par des valeurs nulles pour T_{mx}<0.48 puis elle prend des valeurs positives et négatives entre +1 et -1 avant de s'annuler à nouveau pour T_{my}=1.62.

Les fluctuations remarquées, pour P_y, entre 0.48 et 1.62 peuvent être dues à la présence des domaines : à partir d'un état initial (Sx ; Sy)= (1 ; 0)$_i$, favorisant l'orientation des polarisations selon ox (Px), les résultats montrent des polarisations suivant l'axe Oy (Py) avec des valeurs entre -1 et +1.

La plupart des matériaux ferroélectriques ne sont pas polarisées uniformément dans une seule direction, mais ils sont composés de plusieurs domaines.

Pour les faibles températures (T<0.48), les domaines suivant Ox se désordonnent et deviennent aléatoires avec une polarisation totale nulle pour T≥ 0.48.

Pour les températures moyennes (0.48<T<1.62), une partie des domaines change d'orientation pour donner des valeurs non nulles à la polarisation moyenne, ce qui explique les fluctuations remarquées dans ce cas.

A haute température, Dans la phase paraélectrique, les spins s'orientent aléatoirement suivant les deux directions avec un moyenne totale nulle (P_x=P_y=0).

Pour J=1.4, on voit clairement l'existence de deux transitions ; la première à T_m=0.48, de la zone I (P_x≠0, P_y=0) à la zone II (P_x=0, P_y≠0) et la deuxième transition à T_{my}=1.62, se fait de la zone II vers une zone totalement paraélectrique (zone III : P_x=P_y=0).

b- Configuration initial (0,1)

Dans cette deuxième partie, on a refait les mêmes calculs mais en choisissant comme l'état initial$(S_x; S_y)_i$ = (0; 1). La figure BII-4 présente l'évolution de la température de transition en fonction de J.

On note le même comportement de T_m en fonction de J, déjà remarqué pour le premier état sauf que la ligne de la métastabilité et le phénomène des domaines sont observés pour des valeurs de J inférieures à 1.

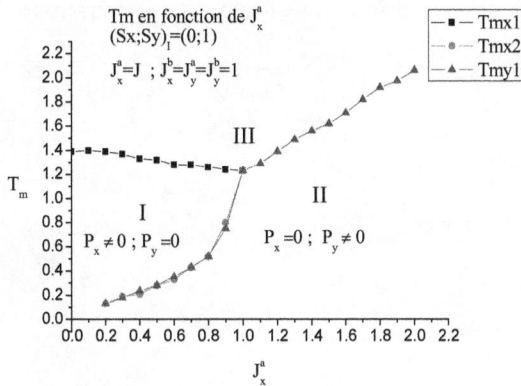

Figure BII-4 : *diagramme de phase dans le plan* $(T_m; J_x^a)$ *pour le cas initial* $(S_x,$
$S_y)_i = (0,1)$

c- Cas initial aléatoire

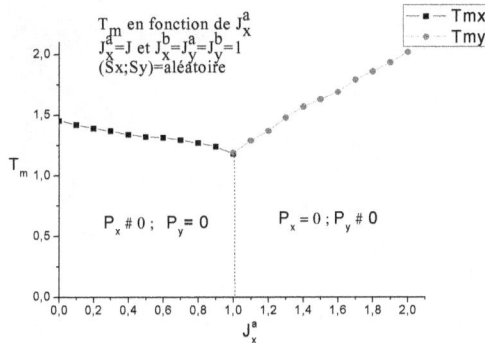

Figure BII-5 : *diagramme de phase dans le plan* $(T_m; J_x^a)$ *pour le cas initial* $(S_x, S_y)_i$
aléatoire

Trois zones sont à distinguer, deux zones semi-ordonnées et une troisième totalement paraélectrique. Contrairement aux deux cas précédents, les changements de phase se font directement d'une phase semi-ordonnée (suivant (Ox) (zone I) ou suivant

(Oy) (zone II)) vers une phase totalement paraélectrique (zone III). Ainsi on remarque la disparition de la phase intermédiaire.

Pour confirmer ces résultats, les polarisations P_x et P_y en fonction de la température sont déterminées. Les résultats trouvés sont représentés dans la figure BII-6.

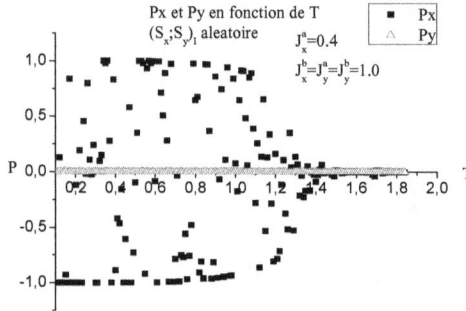

Figure BII-6a : *courbes des polarisations Px et Py en fonction de la température pour $J_x^a = 0.4$*

pour l'état initial aléatoire

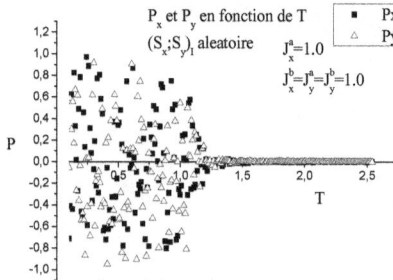

Figure BII-6b : *courbes des polarisations Px et Py en fonction de la température pour $J_x^a = 1.0$*

pour l'état initial aléatoire

Ces résultats montrent que pour J=0.4, il y a une seule transition ($T_{mx}=1.31$) suivant Ox : la polarisation P_x commence par des valeurs égales à 1 puis elle s'annule. Quand à P_y, elle reste toujours nulle pour toutes les valeurs de la température. (Transition direct : Zone I- Zone III)

Pour J=1.4, il est clair qu'on a deux transitions à la même température $(T_{mx}=T_{my}=1.18)$, la première est suivant Ox et l'autre suivant Oy.

Pour des faibles valeurs de J_x^a ($J_x^a < 1$), le phénomène des domaines apparaît pour les valeurs de P_x (P_y reste nul). Par contre, pour les valeurs de J_x^a supérieures à 1, ce phénomène apparaît pour les deux polarisations P_x et P_y.

d- Diagramme de phase général

Les résultats obtenus pour les trois cas sont regroupés dans la même figure afin d'obtenir le diagramme de phase général du système (Figure BII-7).

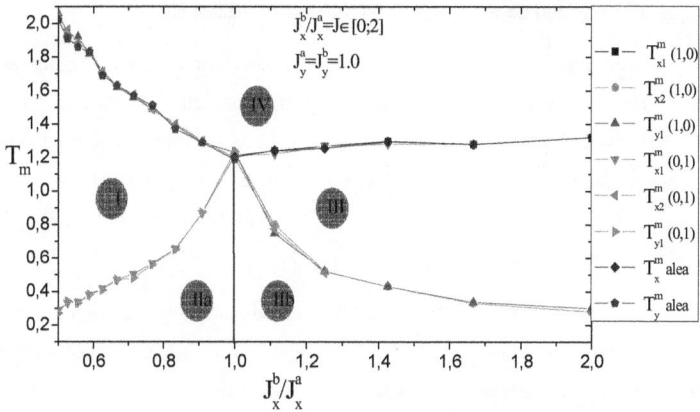

Figure BII-7 : diagramme de phase dans le plan $(T_m; J)$ pour un système d'Ising ferroélectrique de structure TTB à deux composantes

Le diagramme de phase dans le plan $(T_m; J)$ pour $J_y^a = J_y^a = 1.0$ et $J = \dfrac{J_x^b}{J_x^a}$, est représenté sur la figure BII-7.

Ce diagramme montre l'existence de quatre régions :

- La région IV correspond à un état paraélectrique totalement désordonné suivant (Ox) et (Oy).

- les deux régions I et III correspondent à deux états partiellement ferroélectriques suivant (Ox) et (Oy). La direction de polarisation ne dépend pas de la configuration initiale de l'algorithme de Metropolis.

- la région II est bistable, les deux zones IIa et IIb correspondent à deux états ordonnés suivant (Ox) ou (Oy) et peuvent apparaître comme s'ils dépendent de la configuration initiale. Dans la région IIa, la phase P_x est observée pour l'état initial (1 ; 0) $_i$ alors que P_y apparaît pour (0 ; 1) $_i$.

Ainsi, on peut conclure que la phase P_x est thermodynamiquement stable dans la région IIa et métastable dans la région IIb tandis que la phase P_y est stable dans la région IIb et métastable dans la région IIa. La ligne IIa- IIb est une ligne de transition de premier ordre entre les phases P_x et P_y. Les lignes IIa et IIb sont interprétées comme des lignes de transition de surchauffage entre les états métastables.

En comparant les résultats théoriques de Monte Carlo (Figure BII-7) et expérimentaux (Figure AI-7, 8, 9,10), on peut penser que la constante d'interaction J change proportionnellement avec la composition x. La valeur critique de la constante d'interaction J = 1 correspond expérimentalement à x= 0.35 dans le cas de PKGN (diagramme de phase de la figure AI-10). Il serait d'ailleurs intéressant d'effectuer la simulation ab initio pour vérifier cette hypothèse.

Ce diagramme de phase peut être utilisé pour expliquer les résultats expérimentaux présentés dans le premier chapitre. En effet, si on considère la région I (polarisation P_x) comme une phase orthorhombique et la zone IIb (polarisation P_y) comme une phase quadratique pour les composés de type TTB, on peut conclure que :

✓ les régions I et IIa correspondent aux phases orthorhombiques ferroélectriques dans les solutions solides $(1 - x)Pb_5Ta_{10}O_{30}$ / $xPb_4K_2Ta_{10}O_{30}$ pour x<0.82 [55], $Pb_{1-x}Ba_xNb_2O_6$ [56] pour x<0.36 et dans $Pb_{2(1-x)}Gd_xK_{1+x}Nb_5O_{15}$ pour x<0.3 [29, 30] [57,58].

✓ les régions IIb et III représentent, par contre, les phases quadratiques de ces composés pour des grandes valeurs de x.

Ce comportement est aussi en bon accord avec l'étude expérimentale de la transition de phase ferroélectrique dans les composés de la famille ($Pb_{2-x}K_{1+x}Li_xNb_5O_{15}$; 0<x<1.5) (PKLN). En effet, une évolution quantitative très semblable à celle des températures critiques en fonction de x (qui correspondrait à J dans notre modèle) a été trouvée expérimentalement [58] dans laquelle la région correspondant à la ligne de transition IIa-IIb est autour x=0.5 (Figure AI-9 et 10)

II- Etude du diagramme de phase d'un TTB à deux dimensions (trois composantes) par la méthode de Monte Carlo.

Nous avons déterminé dans le paragraphe précédent le diagramme de phase d'un matériau de structure TTB à deux dimensions.

Dans cette partie, on va étudier le cas général d'un système d'Ising ferroélectrique à 2 dimensions et à trois composantes.

II-1- Modèle et formalisme

On considère dans ce cas, un modèle constitué d'un système de structure quadratique (Figure BII-8).

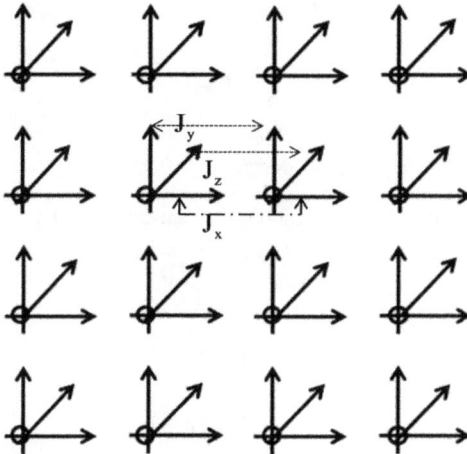

Figure BII-8 : Schéma représentatif d'un film d'Ising à deux dimensions avec trois composantes.

L'Hamiltonien effectif du système s'écrit :

$$H = -J_x^a \sum_{<i,j>} P_{i,j}^x P_{i+1,j}^x - J_x^a \sum_{<i,j>} P_{i,j}^x P_{i,j+1}^x - J_y^a \sum_{<i,j>} P_{i,j}^y P_{i+1,j}^y - J_y^b \sum_{<i,j>} P_{i,j}^y P_{i,j+1}^y - J_z^a \sum_{<i,j>} P_{i,j}^z P_{i+1,j}^z - J_z^b \sum_{<i,j>} P_{i,j}^z P_{i,j+1}^z \quad (BII\text{-}1)$$

Où $\vec{P} = \left(P_x; P_y; P_z\right)$ prend les valeurs: $(\pm 1; 0; 0)$, $(0; \pm 1; 0)$ ou $(0; 0; \pm 1)$; la sommation $\sum_{\langle i,j \rangle}$ est limitée à toutes les spins de proches voisins.

On distingue deux types d'interactions pour chaque composante P_x, P_y et P_z de P : pour P_x, J_x^a représente l'interaction suivant la direction (Ox), J_x^b suivant la direction (Oy). La même notation est adoptée pour les autres composantes : P_y (J_y^a et J_y^b sont respectivement les interactions suivant les directions (Ox) et (Oy)) et pour P_z (J_z^a et J_z^b sont respectivement les interactions suivant les directions (Ox) et (Oy)).

Les transitions des spins se font selon l'algorithme de Metropolis. Nos résultats sont générés avec 10^5 pas de Monte Carlo par spin.

Les grandeurs physiques calculées dans ce modèle sont :

- les composantes de la polarisation :

$$P_x = \frac{1}{N} \sum_{i,j}^N P_{i,j}^X \qquad \text{(BII-7)}$$

$$P_y = \frac{1}{N} \sum_{i,j}^N P_{i,j}^y \qquad \text{(BII-8)}$$

$$P_z = \frac{1}{N} \sum_{i,j}^N P_{i,j}^z \qquad \text{(BII-9)}$$

- les susceptibilités : χ_x suivant (Ox), χ_y suivant (Oy) et χ_z suivant (Oz) :

$$\chi_x = \beta N \left(\langle P_x^2 \rangle - \langle P_x \rangle^2 \right) \qquad \text{(BII-10)}$$

$$\chi_y = \beta N \left(\langle P_y^2 \rangle - \langle P_y \rangle^2 \right) \qquad \text{(BII-11)}$$

$$\chi_z = \beta N \left(\langle P_z^2 \rangle - \langle P_z \rangle^2 \right) \qquad \text{(BII-12)}$$

Avec : $\beta = \frac{1}{K_B T}$ et $\langle\ \rangle$ est la moyenne thermique.

Les grandeurs thermodynamiques du système (Polarisations, susceptibilités,...) sont obtenues par application des conditions aux limites selon les directions x, y et z. La polarisation est définie comme étant la sommation sur toutes les valeurs des spins du système et la température critique est déterminée à partir du pic de la susceptibilité.

II-2-   Résultats et discussions

Dans cette partie, nous sommes intéressés à l'étude de l'effet de l'interaction entre les spins sur les comportements critiques du système.

Dans un premier temps, on considère le cas particulier de a=b ($J_x^a = J_x^b = J_x$; $J_y^a = J_y^b = J_y$ et $J_z^a = J_z^b = J_z$) et on calcule les différentes températures de transitions en fonction de J_z en utilisant les polarisations suivants les trois directions (P_x, P_y et P_z) et les susceptibilités (χ_x , χ_y et χ_z).

L'étude est réalisée pour des valeurs fixes de J_x et J_y (on prend $J_x = J_y = 1.0$), et pour trois cas initiaux différents : $\vec{P_i} = (0 ; 0 ; 1)$; $(al; al; 0)$ et $(al; al; al)$ avec al=aléatoire.

Dans la figure (BII- 9), nous avons représenté le diagramme de phase dans le plan $(T_m; J_x/J_z)$ pour les trois états initiaux. Les calculs donnent approximativement les mêmes valeurs de T_m pour tous les trois états.

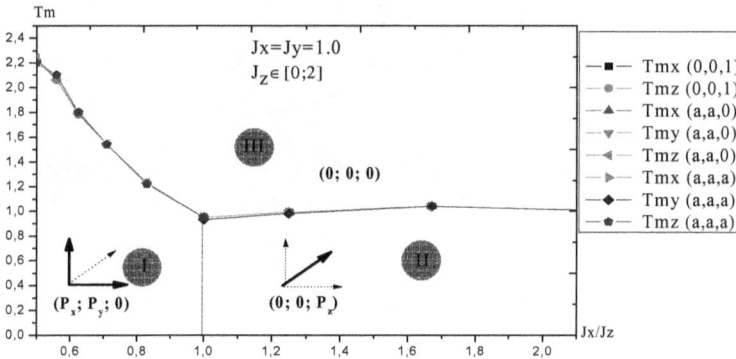

Figure BII-9 : diagramme de phase dans le plan $(T_m; J)$ pour un système d'Ising ferroélectrique de structure TTB à trois composantes

Il est clair dans ce diagramme que la température de transition T_m décroît avec la croissance de J_x/J_z pour des valeurs inférieures à 1, puis il croît légèrement (évolution presque constante) à partir de 1. Un point triple, caractérisé par l'existence de la polarisation suivant les trois directions $\vec{P} \neq (0; 0; 0)$, est observé pour $J_x/J_z = 1$.

La même figure montre aussi l'existence de trois phases :

- Une première phase ferroélectrique dans le plan (Oxy) mais paraélectrique selon (Oz).
- Une deuxième phase caractérisée par l'apparition de la polarisation suivant Oz (P_z) et la disparition de celles selon P_x et P_y. Ce qui montre un changement de phase de la zone I ($\vec{P} = (P_x ; P_y ; 0)$) vers la zone II ($\vec{P} = (0 ; 0 ; P_z)$).
- Enfin, une troisième zone paraélectrique suivant les trois directions $\vec{P} = \vec{0}$.

Les profils des polarisations suivant Ox, Oy et Oz du modèle pour le cas initial aléatoire sont calculés pour différentes valeurs de J_z : J_z= 0.4, 1.0 et 1.4.

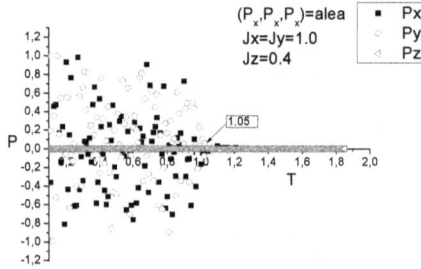

Figure BII-10a : *Evolution des polarisations P_x , P_y et P_z en fonction de la température pour $J_z = 0.4$ pour un état initial aléatoire.*

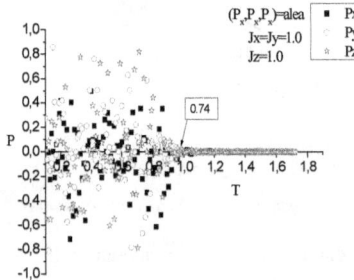

Figure BII-10b : *Evolution des polarisations P_x , P_y et P_z en fonction de la température pour $J_z = 1.0$ pour un état initial aléatoire.*

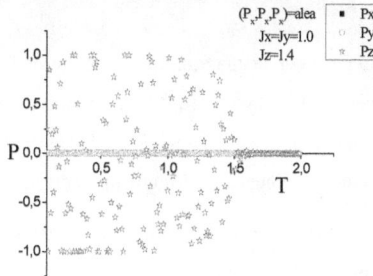

Figure BII-10c : *Evolution des polarisations P_x, P_y et P_z en fonction de la température pour*
$J_z = 1.4$ pour un état initial aléatoire.

Sur les figures BII-10, nous montrons les profils des polarisations en fonction de
la température pour une valeur fixe des interactions suivant Ox et Oy $J_x = J_y = 1.0$, et
pour trois valeurs de J_z. On voit, pour $J_z = 0.4$ (Figure BII- 10a), l'absence d'une
transition de phase suivant Oz. Les polarisations suivant Ox et Oy s'annulent pour la
même valeur de la température ($T_m^x = T_m^y = 1.05$). Ce qui confirme la transition de la
zone I vers la zone III (figure BII-9).

Dans la figure BII- 10b, il est clair que les trois composantes de polarisations sont
non nulles à basses températures et qu'elles prennent des valeurs comprises entre -1 et
1. Elles s'annulent pour la même valeur de la température ($T_m^x = T_m^y = T_m^z = 0.74$). Ce
qui montre la particularité du point triple (figure BII-9).

La figure BII-10c montre la transition de phase ferroélectrique-paraélectrique
(zone II- zone III) : à basse température, nous avons $P_x = P_y = 0$ et $P_z \neq 0$ jusqu'à une
valeur de T ($T_m^z = 1.54$) ou toutes les polarisations deviennent nulles.

Un comportement similaire de la température critique (diagramme de phase) a été
obtenu expérimentalement sur différents composés ferroélectriques de type TTB, déjà
décrits dans le premier chapitre. A titre d'exemple, on peut citer l'étude réalisée sur la
solution solide $Pb_{2(1-x)}Gd_xK_{1+x}Nb_5O_{15}$ (PKGN) par M. Oualla en 2003 [29] et
poursuivie par Y.Gagou en 2007 [30]. Ce travail sur PKGN a été complété par
Y.Amira en 2010 [58] qui a remarqué l'existence d'une deuxième température de
transition pour les valeurs du taux de composition x supérieur à 0.7.

III- Conclusion

Dans le but de déterminer le diagramme de phase et le comportement critique d'un système ferroélectrique de structure TTB, nous avons proposé un nouveau modèle basé sur l'idée des variables de spin d'Ising. L'étude de ce modèle a été réalisée en utilisant la méthode Monte Carlo basée sur l'algorithme de Metropolis.

Nous avons montré que la température de transition dépend fortement de l'interaction entre les spins : elle décroît rapidement au dessous d'une valeur critique de J correspond à un point particulier $(T_m,J)=(1.2,1)$ dite point triple. Au delà de cette valeur de J, la température de transition reste presque constante. L'existence d'une région bistable qui sépare deux zones métastables est mise en évidence.

Dans une deuxième partie, le même système a été étudié avec la méthode de Monte Carlo. La seule différence réside au niveau de l'interaction suivant (Oz) qui est non nulle dans ce cas.

Nous avons noté un comportement similaire de la température de transition, avec la disparition des lignes de surchauffage, impliquant l'absence de la région bistable. Dans ce cas, une seule transition directe ferro- paraélectrique est observée.

Les résultats théoriques (Figure BII-9) et expérimentaux (Figure AI-7, 8, 9,10) ont été comparés en suggérant que la constante d'interaction J varie proportionnellement avec la composition x.

Les diagrammes de phase déterminés sont en accord avec ceux obtenus expérimentalement.

Chapitre BIII

Etude par la Théorie phénoménologique de LANDAU d'un système ferroélectrique de structure TTB

I. Introduction

L'approximation de champ moyen étudié au chapitre précédent n'est pas toujours générale car elle ne prend en compte que les interactions entre les premiers spins proches voisins.

Basée uniquement sur des considérations de symétrie, la théorie de Landau est phénoménologique et elle peut fournir une description générale du comportement d'équilibre d'un système au voisinage d'une transition de phase avec des interactions entre plusieurs proches voisins.

L'objectif de ce chapitre est d'établir une nouvelle formulation en utilisant la théorie phénoménologique de Landau pour la détermination du diagramme de phase des TTB.

II. Formalisme et outil mathématique

II-1-   Présentation

Afin de décrire le comportement critique des matériaux ferroélectriques, en particulier autour de la transition de phase, une approche phénoménologique thermodynamique peut être employée. Elle consiste à expliciter l'expression de la fonction d'énergie libre F qui définit les transformations réversibles indépendantes du temps.

L'énergie libre d'Helmholtz d'un matériau est par définition la suivante :

$$F = U - TS \qquad\qquad (BIII-1)$$

Où U est l'énergie interne, T la température et S l'entropie.

Pour calculer simplement l'expression de F, on utilise la théorie de Landau-Ginzburg-Devonshire (LGD). L'hypothèse formulée par cette méthode est d'admettre qu'au voisinage de la transition ferroélectrique-paraélectrique, F peut s'écrire sous la forme d'une série de Taylor dépendant d'un paramètre d'ordre qui décrit les nouvelles propriétés qualitatives du système au dessous de la température critique. Ce paramètre doit être une variable extensive qui définit la diminution de symétrie de la phase d'origine (à haute température) vers la phase basse température. On choisit comme paramètre d'ordre la polarisation P, qui est nulle dans la phase paraélectrique. Dans le cas étudié d'une transition du second ordre pour un système ferroélectrique de structure quadratique, l'expression de F est :

$$F=\frac{1}{2}A_a\left(T\text{-}T_a\right)P_a^2+\frac{1}{2}A_b\left(T\text{-}T_b\right)P_b^2+\frac{1}{4}B_aP_a^4+\frac{1}{4}B_bP_b^4+\frac{1}{2}CP_a^2P_b^2 \qquad \text{(BIII-2)}$$

Pour simplifier les calculs, on fait le changement de variables suivant :

$$P_a^2=\frac{\left(A_aT_aA_bT_b\right)^{\frac{1}{2}}}{\left(B_a^3B_b\right)^{\frac{1}{4}}}p_a^2 \qquad \text{et} \qquad P_b^2=\frac{\left(A_aT_aA_bT_b\right)^{\frac{1}{2}}}{\left(B_aB_b^3\right)^{\frac{1}{4}}}p_b^2 \qquad \text{(BIII-3)}$$

En introduisant les deux équations (3) dans la relation (2) de l'entropie F et par un simple calcul, on trouve la formule simplifiée de F :

$$f=\frac{1}{2}(t+x)p_a^2+\frac{1}{2}(t\text{-}x)p_b^2+\frac{1}{4}p_a^4+\frac{1}{4}p_b^4+\frac{1}{2}cp_a^2p_a^2 \qquad \text{(BIII-4)}$$

Avec :

$$t=\frac{1}{2}(t_a+t_b) \quad ; \quad x=\frac{1}{2}(t_a-t_b) \; ; \; c=\frac{C}{\left(B_aB_b\right)^{\frac{1}{2}}} \quad \text{et} \quad f=\frac{\left(B_aB_b\right)^{\frac{1}{2}}}{A_aT_aA_bT_b}F \qquad \text{(BIII-5)}$$

tel que :

$$t_a=\left(\frac{T}{T_a}\text{-}1\right)\left(\frac{A_a^2T_a^2B_b}{A_b^2T_b^2B_a}\right)^{\frac{1}{4}} \quad \text{et} \quad t_b=\left(\frac{T}{T_b}\text{-}1\right)\left(\frac{A_b^2T_b^2B_a}{A_a^2T_a^2B_b}\right)^{\frac{1}{4}} \qquad \text{(BIII-6)}$$

La fonction (BIII-4) présente un minimum pour les valeurs d'équilibre P_a et P_b.

Ces minimums sont trouvés en calculant les dérivées partielles de cette fonction par rapport à P_a (P_b = cste) et P_b (P_a = cste) :

$$\left(\frac{\partial f}{\partial p_a}\right)_{p_b}=0 \quad \Rightarrow \quad (t+x)p_a+p_a^3+cp_ap_b^2=0 \qquad \text{(BIII-7)}$$

$$\left(\frac{\partial f}{\partial p_b}\right)_{p_a}=0 \quad \Rightarrow \quad (t\text{-}x)p_b+p_b^3+cp_bp_a^2=0 \qquad \text{(BIII-8)}$$

On trouve un système de deux équations à deux variables p_a et p_b

$$\begin{cases} (t+x)p_a+p_a^3+cp_ap_b^2=0 \\ (t\text{-}x)p_b+p_b^3+cp_bp_a^2=0 \end{cases} \qquad \text{(BIII-9)}$$

La résolution de ce système conduit à la discussion des trois cas suivants selon les valeurs de P_a et P_b :

- **_Cas 1 :_** $p_a = p_b = 0 \implies f = 0$

- **_Cas 2 : x non nul_**

    i) $x < 0$ **on a :** $p_a \neq 0$ **et** $p_b = 0$

    Dans ce cas, la première équation du système (BIII-9) donne :

    $$p_a^2 = -(t+x) \qquad \text{(BIII-10)}$$

    et f devient :

    $$f = -\frac{1}{4}(t+x)^2 \qquad \text{(BIII-11)}$$

    ii) $x > 0$ **on a :** $p_a = 0$ **et** $p_b \neq 0$

    Dans ce cas, la deuxième équation du système (BIII-9) devient :

    $$p_b^2 = -(t-x) \qquad \text{(BIII-12)}$$

    et f se réduit à :

    $$f = -\frac{1}{4}(t-x)^2 \qquad \text{(BIII-13)}$$

- **_Cas 3 :_** $p_a \neq 0$ **et** $p_b \neq 0$

    Le système (BIII-9) admet deux solutions différentes

    $$p_a^2 = -\frac{t+\gamma x}{1+c} \quad \text{et} \quad p_b^2 = -\frac{t-\gamma x}{1+c} \qquad \text{(BIII-14)}$$

    Et f devient :

    $$f = -\frac{1}{2}\frac{1}{1+c}\left[t^2+\gamma x^2\right] = -\frac{1}{2}\left[\frac{1}{1+c}t^2+\frac{1}{1-c}x^2\right] \qquad \text{(BIII-15)}$$

    Avec

    $$\gamma = \frac{1+c}{1-c} = \frac{(B_a B_b)^{\frac{1}{2}}+c}{(B_a B_b)^{\frac{1}{2}}-c} \qquad \text{(BIII-16)}$$

II-2-   Discussions

Selon les valeurs de c, on peut distinguer trois cas différents :

i- $c=0 \Rightarrow \gamma = 1$

Dans ce cas, les équations (BIII-10) et (BIII-12) donnent:

$$t_a = -x \quad \text{et} \quad t_b = x \quad\quad\quad (BIII-17)$$

Les deux équations (BIII-17) représentent deux droites de pentes opposées (+1 et -1)

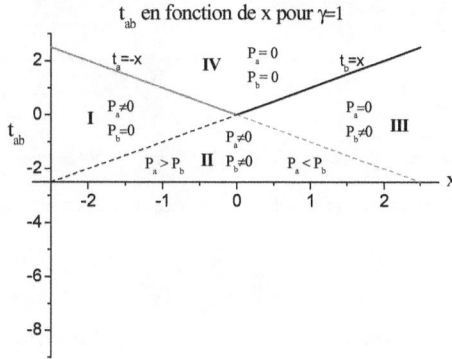

Figure BIII-1 : *diagramme de phase pour γ=1*

Cette figure montre l'existence de quatre régions différentes:

- Deux régions semi-ordonnées : la première suivant la direction a (région I : $P_a \neq 0$) la deuxième suivant la direction b (région III : $P_b \neq 0$).

- Une troisième région totalement ordonnée suivant la direction a et b (région II : $P_a \neq 0$ et $P_b \neq 0$)

- Et enfin une dernière région totalement désordonnée suivant les deux directions (région IV : $P_a = P_b = 0$).

On remarque que les deux régions semi- ordonnées d'une part et les régions II et VI d'autre part, sont pratiquement égales.

ii- $c<0 \Rightarrow \gamma < 1$

Dans ce cas, nous avons tracé le diagramme de phase pour c negatif ($\gamma<1$)

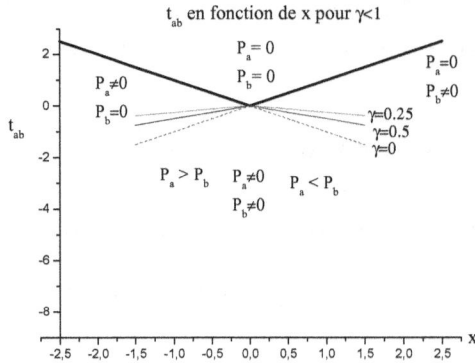

Figure BIII-3 : *diagramme de phase pour γ<1*

Dans ce diagramme, on montre l'existence de quatre régions déjà présentées dans le premier cas.

On remarque aussi que les deux droites $t_{ab} = \gamma x$ et $t_{ab} = -\gamma x$ s'éloignent l'une de l'autre en augmentant la valeur de γ (ou de c) et s'approchent de l'axe x=0 sans se confondre avec ce dernier.

L'éloignement de ces deux axes implique que les deux régions I et III deviennent de plus en plus petites et que la surface de la région II devient plus large en fonction de la croissance de la valeur de γ (ou c).

iii- 0<c<1 ⇒ γ > 1

Dans ce cas, et en faisant le changement de variable suivant : $t_{ab} = \gamma x$, les relations (10) deviennent :

$$p_a^2 = -\frac{t+\gamma x}{1+c} = -\frac{t+t_{ab}}{1+c}$$
(BIII-18)

et

$$p_b^2 = -\frac{t-\gamma x}{1+c} = -\frac{t-t_{ab}}{1+c}$$
(BIII-19)

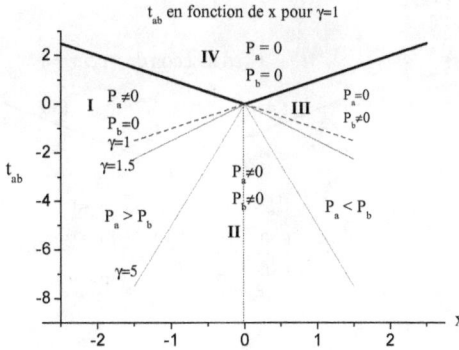

Figure BIII-2 : *diagramme de phase pour γ>1*

Comme dans le premier cas, la figure BIII-2 ci-dessus montre clairement l'existence de quatre régions. Les différentes régions sont déjà détaillées dans la partie précédente.

On remarque aussi que les deux droites $t_{ab} = \gamma x$ et $t_{ab} = -\gamma x$ se rapprochent l'une de l'autre quand la valeur de γ (ou de c) augmente jusqu'à ce qu'elles se confondent pour $\gamma = \infty$ (c=1).

Le rapprochement de ces deux axes implique que les deux régions I et III deviennent de plus en plus large et la surface de la région II devient plus petite au fur et à mesure de la croissance de la valeur de γ (ou c) jusqu'à la disparition complète de cette région (II) pour une valeur infini de γ (ou pour c=1).

iv- c>1

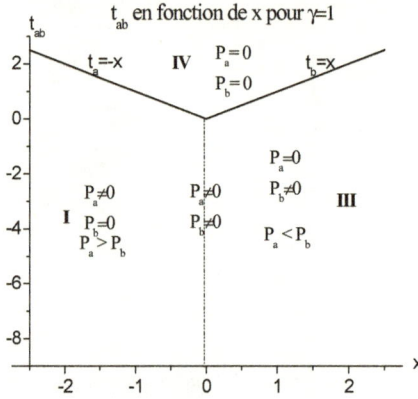

Figure BIII-2 : *diagramme de phase pour c>1*

Pour des valeurs de c supérieur à 1, on remarque que les deux lignes de métastabilités se coïncident ; ce ci montre la disparition de la région II.

Dans ce cas, nous avons un seul changement de structure en fonction de x : de la région I paraélectrique suivant (a) ($P_a{\neq}0$, $P_b{=}0$) à la région III paraélectrique suivant (b) ($P_a{=}0$, $P_b{\neq}0$).

En fonction de t, on observe une transition de phase de la région I (x<0) ou III (x>0) à la région IV qui est totalement paraélectrique.

II-3-   Etude de la stabilité du système.

La fonctionnelle de Landau est donnée par la formule suivante :

$$f=\frac{1}{2}\left(t+x\right)p_a^2+\frac{1}{2}\left(t\text{-}x\right)p_b^2+\frac{1}{4}p_a^4+\frac{1}{4}p_b^4+\frac{1}{2}cp_a^2p_a^2 \qquad \text{(BIII-4)}$$

LorsqueT $\ll$ T$_c$, le terme d'ordre 2 étant négatif.

Pour que le système soit stable, il faut que le terme d'ordre 4 de cette fonction soit positif.

C'est-à-dire : $\frac{1}{4}p_a^4+\frac{1}{4}p_b^4+\frac{1}{2}cp_a^2p_a^2 > 0$

$$\Rightarrow \quad \frac{1}{4}\left[\left(p_a^2 + p_b^2\right)^2 + 2(c\text{-}1)\, p_a^2\, p_b^2\right] > 0 \qquad \text{(BIII-20)}$$

Si on pose
$$\begin{cases} p_a = p\,\sin\theta \\ p_b = p\,\cos\theta \end{cases} \qquad \text{(BIII-21)}$$

Alors

$$\frac{1}{4}\left[1+ \frac{1}{2}(c\text{-}1)\,\left(p\,\sin2\theta\right)^2\right] > 0 \qquad \text{(BIII-22)}$$

Or on sait que $\left(\sin2\theta\right)^2 \geq 0$ \qquad (BIII-23)

Donc $1+\dfrac{1}{2}(c\text{-}1) > 0$

$$c > -1 \qquad \text{(BIII-24)}$$

Donc pour que le système soit stable, il faut que la valeur de c soit supérieur a -1

II-4- Calcul des coefficients de la fonctionnelle de Landau

Dans cette partie, on va déterminer les coefficients de la fonctionnelle de Landau en utilisant la méthode de champ moyen. L'application est faîte sur le modèle d'Ising à une, deux et trois dimensions.

La méthode de champ moyen consiste à considérer un spin particulier S_i et en admettant que pour le calcul de son énergie E_i, on peut remplacer tous les autres spins par leur valeur moyenne $P = \langle S_i \rangle$.

1- Modèle d'Ising à une dimension

On considère l'Hamiltonien d'Ising:

$$H = \text{-}J \sum_{\langle i,j \rangle} S_z^i S_z^j \qquad \text{(BIII-25)}$$

Avec $S_z = \text{-}1, +1$

L'Hamiltonien réduit s'écrit :

$$H_0 = \text{-}J\, P_z \sum_i S_z^i \qquad \text{(BIII-26)}$$

La moyenne de S_z^i est :

$$P_z = \left\langle S_z^i \right\rangle = \frac{Tr\left(S_z^i e^{-\beta H_0}\right)}{Tr\left(e^{-\beta H_0}\right)} \qquad \text{(BIII-27)}$$

Donc

$$P_z = \frac{e^{\beta J P_z} - e^{-\beta J P_z}}{e^{\beta J P_z} + e^{-\beta J P_z}} = \tanh\left(\beta J\, P_z\right) \qquad \text{(BIII-28)}$$

Avec $\beta = \dfrac{1}{KT}$ et K la constante de Boltzmann

Si on pose : $p_z = \beta J P_z$ \qquad (BIII-29)

On trouve :

$$\frac{KT}{J} P_z = \frac{e^{p_z} - e^{-p_z}}{e^{p_z} + e^{-p_z}} = \tanh\left(p_z\right) \qquad \text{(BIII-30)}$$

Le développement de $\tanh(p_z)$ on trouve :

$$\tanh\left(p_z\right) = p_z - \frac{p_z^3}{3} + \dots \qquad \text{(BIII-31)}$$

L'équation de Ginzburg-Landau (GL) permet de réécrire :

$$J^{-1}K\left(T - T_c\right)p_z + \frac{1}{3}p_z^3 = 0 \qquad \text{(BIII-32)}$$

Avec $T_c = \dfrac{J}{K}$

La fonctionnelle de GL est donnée par :

$$F = \frac{1}{2}J^{-1}K\left(T - T_c\right)p_z^2 + \frac{1}{4}\frac{1}{3}p_z^4 \qquad \text{(BIII-33)}$$

Evolution du paramètre d'ordre

On peut écrire l'équation (BIII-32) de GL sous la forme

$$\left[J^{-1}K\left(T - T_c\right) + \frac{1}{3}p_z^2\right]p_z = 0 \qquad \text{(BIII-34)}$$

- si $T > T_c$: l'état $p_z = 0$ est l'état stable

- si $T < T_c$ on a deux solutions

- $p_z = 0$ l'état est instable

- $p_z^2 = \left[-3 J^{-1} K \left(T - T_c \right) \right]^{1/2}$ l'état est stable car $\dfrac{\partial^2 F}{\partial p_z^2} > 0$

2-   **Modèle d'Ising à deux dimensions** (pour les matériaux ferroélectriques de type TTB)

Dans ce cas, on considère l'Hamiltonien suivant :

$$H = - J \sum_{\langle i,j \rangle} \vec{S_i} \vec{S_j} \qquad \text{(BIII-35)}$$

L'Hamiltonien réduit s'écrit :

$$H_0 = - J \sum_{\langle i,j \rangle} \vec{S_i} \ \vec{P} \qquad \text{(BIII-36)}$$

Avec $\vec{P} = \left(\vec{P_x}, \vec{P_z} \right) = \left(\vec{n_x}, -\vec{n_x}, \vec{n_z}, -\vec{n_z} \right)$ et $J = \left(J_x, J_z \right)$ (BIII-37)

On calcule la moyenne de $\vec{P}$

$$\vec{P} = \frac{Tr\left[\vec{S_i} e^{-\beta H_0} \right]}{Tr\left[e^{-\beta H_0} \right]} = \frac{\sum_{S_i} \vec{S_i} e^{\beta J S_i \vec{P}}}{\sum_{S_i} e^{\beta J S_i \vec{P}}} = \frac{\vec{n_x} e^{\beta J_x \ \vec{n_x} \vec{P}} - \vec{n_x} e^{-\beta J_x \ \vec{n_x} \vec{P}} + \vec{n_z} e^{\beta J_z \ \vec{n_z} \vec{P}} - \vec{n_z} e^{-\beta J_z \ \vec{n_z} \vec{P}}}{e^{\beta J_x \ \vec{n_x} \vec{P}} + e^{-\beta J_x \ \vec{n_x} \vec{P}} + e^{\beta J_z \ \vec{n_z} \vec{P}} + e^{-\beta J_z \ \vec{n_z} \vec{P}}} \qquad \text{(BIII-38)}$$

$$\vec{P} = \frac{\vec{n_x} e^{\beta J_x P_x} - \vec{n_x} e^{-\beta J_x P_x} + \vec{n_z} e^{\beta J_z P_z} - \vec{n_z} e^{-\beta J_z P_z}}{e^{\beta J_x P_x} + e^{-\beta J_x P_x} + e^{\beta J_z P_z} + e^{-\beta J_z P_z}} \qquad \text{(BIII-39)}$$

$$= \left[\frac{e^{\beta J_x P_x} - e^{-\beta J_x P_x}}{e^{\beta J_x P_x} + e^{-\beta J_x P_x} + e^{\beta J_z P_z} + e^{-\beta J_z P_z}} \right] \vec{n_x} + \left[\frac{e^{\beta J_z P_z} - e^{-\beta J_z P_z}}{e^{\beta J_x P_x} + e^{-\beta J_x P_x} + e^{\beta J_z P_z} + e^{-\beta J_z P_z}} \right] \vec{n_z} = P_x \vec{n_x} + P_z \vec{n_z} \text{ (BIII-40)}$$

En comparant les deux termes de l'équation (BIII-40), on trouve les expressions de P_x et P_y. :

$$P_x = \frac{e^{\beta J_x P_x} - e^{-\beta J_x P_x}}{e^{\beta J_x P_x} + e^{-\beta J_x P_x} + e^{\beta J_z P_z} + e^{-\beta J_z P_z}} \quad \text{et} \quad P_z = \frac{e^{\beta J_z P_z} - e^{-\beta J_z P_z}}{e^{\beta J_x P_x} + e^{-\beta J_x P_x} + e^{\beta J_z P_z} + e^{-\beta J_z P_z}} \qquad \text{(BIII-41)}$$

En posant : $p_x = \beta J_x P_x$ et $p_z = \beta J_z P_z$

On trouve :

$$\begin{cases} \dfrac{KT}{J_z}\,p_z = \dfrac{e^{p_z}-e^{-p_z}}{e^{p_x}+e^{-p_x}+e^{p_z}+e^{-p_z}} \\[4mm] \dfrac{KT}{J_x}\,p_x = \dfrac{e^{p_x}-e^{-p_x}}{e^{p_x}+e^{-p_x}+e^{p_z}+e^{-p_z}} \end{cases} \tag{BIII-42}$$

En utilisant l'approximation suivante

$$\frac{e^a-e^{-a}}{e^a+e^{-a}+e^b+e^{-b}} \approx \frac{1}{2}a - \frac{1}{24}a^3 - \frac{1}{8}ab^2 \tag{BIII-43}$$

On trouve le système des équations de GL :

$$\begin{cases} J_z^{-1}K(T-T_z)p_z + \dfrac{1}{24}p_z^3 + \dfrac{1}{8}p_z p_x^2 = 0 \\[4mm] J_x^{-1}K(T-T_x)p_x + \dfrac{1}{24}p_x^3 + \dfrac{1}{8}p_x p_z^2 = 0 \end{cases} \quad \text{avec} \quad \begin{cases} T_z = J_z/2K \\[2mm] T_x = J_x/2K \end{cases} \tag{BIII-44}$$

Et la fonctionnelle de GL s'écrit :

$$F = \frac{1}{2}J_z^{-1}K(T-T_z)p_z^2 + \frac{1}{2}J_x^{-1}K(T-T_x)p_x^2 + \frac{1}{4}\frac{1}{24}\left(p_z^4+p_x^4\right) + \frac{1}{2}\frac{1}{8}p_z^2 p_x^2 \tag{BIII-45}$$

Dans ce cas, on a :

$$C = \frac{1}{8} \;\; ; \;\; B_a = B_b = \frac{1}{24}$$

Donc

$$c = \frac{C}{\left(B_a B_b\right)^{\frac{1}{2}}} = 3 > 1 \tag{BIII-46}$$

C'est le deuxième cas

3-   **Modèle d'Ising à trois dimensions** (pour les matériaux ferroélectriques de type TTB)

On refait le même calcul que celui à deux dimensions mais en prenant :

$$H = -J\sum_{\langle i,j \rangle}\vec{S}_i\,\vec{S}_j \tag{BIII-35}$$

L'Hamiltonien réduit s'écrit :

$$H_0 = -J\sum_{\langle i,j \rangle}\vec{S}_i\,\vec{P} \tag{BIII-36}$$

$$\vec{P} = \left(\vec{P_x}, \vec{P_y}, \vec{P_z}\right) = \left(\vec{n_x}, -\vec{n_x}; \vec{n_y}, -\vec{n_y}; \vec{n_z}, -\vec{n_z}\right) \text{ et } J = \left(J_x, J_y, J_z\right) \qquad \text{(BIII-47)}$$

Dans ce cas la moyenne de $\vec{P}$ est

$$\vec{P} = \frac{\text{Tr}\left[\vec{S_i} e^{-\beta H_0}\right]}{\text{Tr}\left[e^{-\beta H_0}\right]} \qquad \text{(BIII-48)}$$

En calculant les deux traces, on trouve :

$$\vec{P} = \frac{\sum_{S_i} \vec{S_i} e^{\beta J \vec{S_i} \vec{P}}}{\sum_{S_i} e^{\beta J \vec{S_i} \vec{P}}} = \frac{\vec{n_x} e^{\beta J_x P_x} - \vec{n_x} e^{-\beta J_x P_x} + \vec{n_y} e^{\beta J_y P_y} - \vec{n_y} e^{-\beta J_x P_x} + \vec{n_z} e^{\beta J_z P_z} - \vec{n_z} e^{-\beta J_z P_z}}{e^{\beta J_x P_x} + e^{-\beta J_x P_x} + e^{\beta J_y P_y} + e^{-\beta J_y P_y} + e^{\beta J_z P_z} + e^{-\beta J_z P_z}} \qquad \text{(BIII-49)}$$

Apres la simplification de l'équation (BIII-49) on peut écrire $\vec{P}$ sous la forme suivant :

$$\vec{P} = \left[\frac{e^{\beta J_x P_x} - e^{-\beta J_x P_x}}{e^{\beta J_x P_x} + e^{-\beta J_x P_x} + e^{\beta J_z P_z} + e^{-\beta J_z P_z}}\right]\vec{n_x} + \left[\frac{e^{\beta J_y P_y} - e^{-\beta J_y P_y}}{e^{\beta J_x P_x} + e^{-\beta J_x P_x} + e^{\beta J_z P_z} + e^{-\beta J_z P_z}}\right]\vec{n_y}$$
$$+ \left[\frac{e^{\beta J_z P_z} - e^{-\beta J_z P_z}}{e^{\beta J_x P_x} + e^{-\beta J_x P_x} + e^{\beta J_z P_z} + e^{-\beta J_z P_z}}\right]\vec{n_z} \qquad \text{(BIII-50)}$$

Or, on sait que

$$\vec{P} = P_x \vec{n_x} + P_y \vec{n_y} + P_z \vec{n_z} \qquad \text{(BIII-51)}$$

On Comparant les deux équations (BIII-50) et (BIII-51) termes par termes, on trouve :

$$\begin{cases} P_x = \dfrac{e^{\beta J_x P_x} - e^{-\beta J_x P_x}}{e^{\beta J_x P_x} + e^{-\beta J_x P_x} + e^{\beta J_y P_y} + e^{-\beta J_y P_y} + e^{\beta J_z P_z} + e^{-\beta J_z P_z}} \\[2ex] P_y = \dfrac{e^{\beta J_y P_y} - e^{-\beta J_y P_y}}{e^{\beta J_x P_x} + e^{-\beta J_x P_x} + e^{\beta J_y P_y} + e^{-\beta J_y P_y} + e^{\beta J_z P_z} + e^{-\beta J_z P_z}} \\[2ex] P_z = \dfrac{e^{\beta J_z P_z} - e^{-\beta J_z P_z}}{e^{\beta J_x P_x} + e^{-\beta J_x P_x} + e^{\beta J_y P_y} + e^{-\beta J_y P_y} + e^{\beta J_z P_z} + e^{-\beta J_z P_z}} \end{cases} \qquad \text{(BIII-52)}$$

Si on pose : $p_x = \beta J_x P_x$; $p_y = \beta J_y P_y$ et $p_z = \beta J_z P_z$ on obtient :

$$\begin{cases} \dfrac{KT}{J_x}p_x = \dfrac{e^{p_x}-e^{-p_x}}{e^{p_x}+e^{-p_x}+e^{p_y}+e^{-p_y}+e^{p_z}+e^{-p_z}} \\[3mm] \dfrac{KT}{J_y}p_y = \dfrac{e^{p_y}-e^{-p_y}}{e^{p_x}+e^{-p_x}+e^{p_y}+e^{-p_y}+e^{p_z}+e^{-p_z}} \\[3mm] \dfrac{KT}{J_z}p_z = \dfrac{e^{p_z}-e^{-p_z}}{e^{p_x}+e^{-p_x}+e^{p_y}+e^{-p_y}+e^{p_z}+e^{-p_z}} \end{cases} \qquad \text{(BIII-53)}$$

En utilisant l'approximation suivante :

$$\frac{e^{a}-e^{-a}}{e^{a}+e^{-a}+e^{b}+e^{-b}+e^{c}+e^{-c}} \approx \frac{1}{3}a - \frac{1}{18}ab^2 - \frac{1}{18}ac^2 - \frac{1}{540}a^5 \qquad \text{(BIII-54)}$$

On déduit le système des équations de GL :

$$\begin{cases} J_z^{-1}K\left(T-T_z\right)p_z + \dfrac{1}{18}p_z p_x^3 + \dfrac{1}{18}p_z p_y^3 + \dfrac{1}{540}p_z^5 = 0 \\[3mm] J_x^{-1}K\left(T-T_x\right)p_y + \dfrac{1}{18}p_y p_z^3 + \dfrac{1}{18}p_y p_x^3 + \dfrac{1}{540}p_y^5 = 0 \\[3mm] J_x^{-1}K\left(T-T_x\right)p_x + \dfrac{1}{18}p_x p_y^3 + \dfrac{1}{18}p_x p_z^3 + \dfrac{1}{540}p_x^5 = 0 \end{cases} \text{ avec } \begin{cases} T_z = J_z/3K \\[2mm] T_x = T_y = J_x/3K \\[2mm] J_x = J_y \end{cases} \text{(BIII-55)}$$

Et la fonctionnelle de GL s'écrit :

$$\begin{aligned} F = &\frac{1}{2}J_x^{-1}K\left(T-T_x\right)p_x^2 + \frac{1}{2}J_x^{-1}K\left(T-T_x\right)p_y^2 + \frac{1}{2}J_z^{-1}K\left(T-T_z\right)p_z^2 \\[2mm] &+ \frac{1}{2}\frac{1}{18}\left(p_x^2 p_y^2 + p_y^2 p_z^2 + p_x^2 p_z^2\right) + \frac{1}{6}\frac{1}{540}\left(p_x^6 + p_y^6 + p_z^6\right) \end{aligned} \qquad \text{(BIII-56)}$$

Remarque importante :

La fonctionnelle de GL ne contient pas de terme d'ordre 4 en p_x, p_y et p_z $\left(p_x^4 + p_y^4 + p_z^4 = 0\right)$

si $p_y = 0$, les équations de GL deviennent

$$\begin{cases} J_z^{-1}K\left(T-T_z\right)p_z + \dfrac{1}{18}p_z p_x^3 + \dfrac{1}{540}p_z^5 = 0 \\[3mm] J_x^{-1}K\left(T-T_z\right)p_x + \dfrac{1}{18}p_x p_z^3 + \dfrac{1}{540}p_x^5 = 0 \end{cases} \qquad \text{(BIII-57)}$$

Dans ce cas, on a :

$$C = \frac{1}{18} \; ; \; B_a = B_b = 0$$

Donc

$$c = \frac{C}{\left(B_a B_b\right)^{\frac{1}{2}}} = \infty \qquad \text{(BIII-58)}$$

On retrouve le cas particulier qui correspond au diagramme de phase dans le cas

ou c →∞ (figure BIII-2).

Ce diagramme, déterminé par la théorie de Landau, est similaire à celui obtenu en

appliquant la méthode de Monte Carlo au système ferroélectrique considéré.

III.   Conclusion

La théorie de Landau nous a permis de déterminer plusieurs types de diagrammes de phase suivant les valeurs de γ pour un système ferroélectrique de structure TTB, et ceci en minimisant la fonctionnelle de Landau.

Dans un premier temps, les différents diagrammes de phase possibles ont été calculés en minimisant la formule générale de la fonctionnelle de Landau.

Apres avoir étudié la stabilité du système, nous avons calculé les coefficients de Landau en utilisant la théorie de champ moyen. Ensuite nous avons déterminé les diagrammes de phases pour un modèle d'Ising ferroélectrique à une, deux et trois dimensions.

Ces diagrammes sont en bon accord avec ceux trouvés par la théorie (simulation de Monte Carlo au chapitre BII) et l'expérience dont les résultats sont présentés et discutés précédemment.

Chapitre BIV

Etude des propriétés d'un système décoré d'Ising

I. Film d'Ising décoré

Le modèle d'Ising décoré qui a été originalement introduit dans la littérature par Syozi [59] a été étudié comme un modèle exhibant le ferrimagnétisme [60, 61]. En effet, le ferrimagnétisme a été excessivement étudié tant de point de vue expérimental que théorique, puisque beaucoup de matériaux magnétiques qui ont d'importantes applications technologiques sont ferrimagnétiques comme les ferrites, les granites, et plus généralement les matériaux magnétiques isolants utilisés principalement dans le domaine des radiofréquences. Egalement cette approche peut être utilisée dans l'étude des matériaux ferroélectriques avec plusieurs dipôles.

Il est très intéressant de faire cette étude pour le réseau de symétrie quadratique (Type pérovskite) en envisageant dans le futur leurs applications pour les composées de structure TTB avec plusieurs ions (dipôles) ferroélectriques.

A notre connaissance, aucune application d'approche d'Ising a été faite pour ce type des matériaux ferroélectriques.

L'existence d'un point de compensation dans de tels films est importante pour les mémoires d'enregistrement. Les systèmes décorés sont constitués de deux sous réseaux dans lesquels les spins d'une grandeur $\vec{S_A}$ occupent l'un des sous réseaux et les spins d'une autre grandeur $\vec{S_B}$ occupent l'autre sous réseau avec $\vec{S_A} \neq \vec{S_B}$. L'interaction d'échange entre les atomes A et B est supposée négative.

Kaneyoshi [62] a étudié les propriétés d'un système d'Ising décoré à deux dimensions de spin $\sigma=1/2$ et $S=1$ ou $3/2$. Il a montré que le comportement de la température de Curie et de la température de compensation du système change selon que $S=1$ ou $S=3/2$. En effet, le système avec $S=1$ et une valeur négative de champ cristallin D (D est l'anisotropie uniaxiale agissant sur les atomes de spins S) peut avoir deux points de compensation, ainsi que des comportements intéressants dans le diagramme de phases et les variations des aimantations en fonction de la température. Tandis que le système avec $S_B=3/2$ ne présente qu'un seul point de compensation pour les valeurs négatives de D. Ce même résultat à été trouvé par Dakhama [63] qui a étudié le même système.

En outre, les diagrammes de phase du système semi-infini à spin-1/2 avec la surface décorée par des atomes de spins S (S=1 ou 3/2) ont été étudiés par Kaneyoshi à l'aide de la théorie du champ effectif. Ce système présente des comportements intéressants selon que la valeur de spin des atomes décorés est entière (S=1) ou demi-entière (S=3/2). La possibilité de trouver deux points de compensations en surface existe quand les atomes décorés ont un spin S=1 et pour certaines valeurs négatives du champ cristallin D et des valeurs appropriées de α   ($\alpha = J'_s/J$, J'_s étant l'interaction entre les atomes de spin-1/2 et ceux de spin-1).

A. Moutie [64] a étudié l'effet du champ longitudinal aléatoire sur les propriétés d'un système décoré à deux dimensions de spin-1/2 et 1. Plusieurs résultats intéressants ont été obtenus tels que l'existence de deux points de compensation, ainsi la possibilité de deux ou trois températures de transition (double phénomène réentrant).

II. Formalisme

On considère un film décoré dans une structure cubique simple formé de L couches de spins-1/2 et de spins-1, les atomes A de spins $\sigma_A = 1/2$ occupent les sommets des cubes et les atomes B de spins $S_B = 1$ occupent les milieux des arrêts (Figure BV-1). L'interaction d'échange entre les atomes A et B est supposé être négative, et entre chaque paire la plus proche voisins d'un des atomes A, elle est considérée positives.

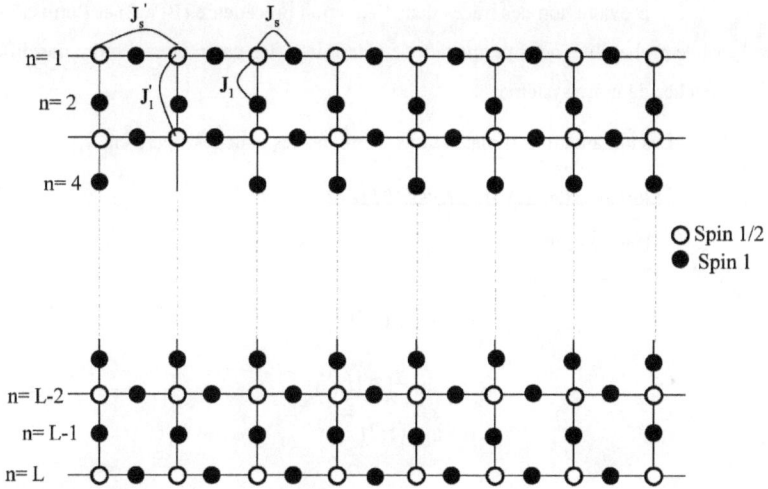

Figure BV-1 *Modèle d'Ising décoré constitué de deux atomes magnétiques A (points Blanc avec $\sigma_A = 1/2$) et B (points noirs avec $S_B = 1$).*

L'hamiltonien du système est donné par :

$$H = J \sum_{i,j} \sigma_i S_j - J' \sum_{i,j} S_i S_j - D \sum_{i,j} (S_i)^2 \qquad \text{(BIV-1)}$$

Où σ_i^z, S_i^z sont respectivement les composantes suivant Oz du spin $\overrightarrow{\sigma_i}$ d'amplitude $\sigma_A = 1/2$ et du spin $\overrightarrow{S_i}$ d'amplitude S = 1.

J et J' sont les interactions d'échanges entre A-B et A-A.

D est l'anisotropie uniaxiale agissant sur les atomes de spins-1

Dans cette partie, on va s'intéresser à l'étude des diagrammes de phases de ce système en utilisant la théorie de champs effectif.

Pour calculer les équations donnant les aimantations (polarisations) de chaque couche, on calcule les moyennes des moments $\langle \sigma_A \rangle$ et $\langle S_B \rangle$ tel que :

$$\langle \sigma_A \rangle = \left\langle \frac{\text{Trace}_0 \left[\sigma_0 \exp(-\beta H_0) \right]}{\text{Trace}_0 \left[\exp(-\beta H_0) \right]} \right\rangle \quad \langle S_B \rangle = \left\langle \frac{\text{Trace}_0 \left[S_0 \exp(-\beta H_0) \right]}{\text{Trace}_0 \left[\exp(-\beta H_0) \right]} \right\rangle \qquad \text{(BIV-2)}$$

L'évaluation des traces dans l'équation précédente (BIV-2) et l'utilisation de la loi de probabilité, nous permettent de déterminer les paramètres d'ordre des différentes couches de notre système.

Les aimantations (polarisations) de toutes les couches s'écrivent :

Pour les couches de surface (n=1, L) :

Dans ce cas on a :

$$
\begin{cases}
\sigma_1 = \sigma_L = \left\langle f_1^{\left(\frac{1}{2}\right)}(x_1) \right\rangle \\[2mm]
m_1 = m_L = \left\langle f_1^{(1)}(x_1') \right\rangle \\[2mm]
q_1 = q_L = \left\langle f_2^{(1)}(x_1') \right\rangle
\end{cases}
\tag{BIV-3}
$$

$$
\text{Avec } \begin{cases}
f_1^{\left(\frac{1}{2}\right)}(x) = \dfrac{1}{2}\tanh\left(\dfrac{\beta x}{2}\right) \\[3mm]
f_1^{(1)}(x) = \dfrac{2\sinh(\beta x)}{2\cosh(\beta x) + \exp(-\beta D)} \\[3mm]
f_2^{(1)}(x) = \dfrac{2\cosh(\beta x)}{2\cosh(\beta x) + \exp(-\beta D)}
\end{cases}
$$

Donc :

$$
\sigma_1 = \frac{1}{2^{2(N_0+N_1)}} \sum_{j_1=0}^{N_0}\sum_{j_2=0}^{N_1}\sum_{j_3=0}^{N_0}\sum_{j_4=0}^{N_0-j_3}\sum_{j_5=0}^{N_1}\sum_{j_6=0}^{N_1-j_5} C_{j_1}^{N_0}C_{j_2}^{N_1}C_{j_3}^{N_0}C_{j_4}^{N_0-j_3}C_{j_5}^{N_1}C_{j_6}^{N_1-j_5} 2^{j_3+j_5}(1-2\sigma_1)^{j_1}(1+2\sigma_1)^{N_0-j_1}(1-2\sigma_3)^{j_2}
$$
$$
\times(1+2\sigma_3)^{N_1-j_2}(1-q_1)^{j_3}(q_1+m_1)^{j_4}(q_1-m_1)^{N_0-j_3-j_4}(1-q_2)^{j_5}(q_2+m_2)^{j_6}(q_2-m_2)^{N_1-j_5-j_6}
\tag{BIV-4}
$$
$$
\times f_1^{\left(\frac{1}{2}\right)}\left(J_s\left(\frac{N_0-2j_1}{2}\right)+J_1'\left(\frac{N_1-2j_2}{2}\right)+J_s(N_0-j_3-j_4)+J_1(N_1-j_5-j_6)\right)
$$

$$
m_1 = \frac{1}{2^{N_2}}\sum_{j_7=0}^{N_2} C_{j_7}^{N_2}(1-2\sigma_1)^{j_7}(1+2\sigma_1)^{N_2-j_7} f_1^{(1)}\left(\frac{N_2-2j_7}{2}\right)
\tag{BIV-5}
$$

$$
q_1 = \frac{1}{2^{N_2}}\sum_{j_7=0}^{N_2} C_{j_7}^{N_2}(1-2\sigma_1)^{j_7}(1+2\sigma_1)^{N_2-j_7} f_2^{(1)}\left(\frac{N_2-2j_7}{2}\right)
\tag{BIV-6}
$$

L'aimantation (polarisation) totale de la surface est donnée par l'équation suivante :

$$M_1 = \sigma_1 + \frac{5}{2}\, m_1 \qquad \text{(BIV-7)}$$

__Pour les couches du volume $(2 \leq n \leq L-1)$:__

Dans le volume, on a deux cas de couches :

__a- Pour les couches paires n=2k__ $/ 1 \leq k \leq \dfrac{L-1}{2}$

Ces couches ne contiennent que des spins de types-1 entourés par deux spins situés dans les couches adjacentes supérieures et inférieures

Dans ce cas on a :

$$\begin{cases} m_n = \left\langle f_1^{(1)}(x_2) \right\rangle \\ q_n = \left\langle f_2^{(1)}(x_2) \right\rangle \end{cases} \qquad \text{(BIV-8)}$$

Tout calcul fait, on trouve :

$$m_n = \frac{1}{2^{2N_1}} \sum_{j_1=0}^{N_1} \sum_{j_2=0}^{N_1} C_{j_1}^{N_1} C_{j_2}^{N_1} \left(1-2\sigma_{n-1}\right)^{j_1} \left(1+2\sigma_{n-1}\right)^{N_1-j_1} \left(1-2\sigma_{n+1}\right)^{j_2} \left(1+2\sigma_{n+1}\right)^{N_1-j_2} f_1^{(1)}\left(J_1\left(\frac{2N_1-2(j_1+j_2)}{2} \right) \right) \quad \text{(BIV-9)}$$

$$q_n = \frac{1}{2^{2N_1}} \sum_{j_1=0}^{N_1} \sum_{j_2=0}^{N_1} C_{j_1}^{N_1} C_{j_2}^{N_1} \left(1-2\sigma_{n-1}\right)^{j_1} \left(1+2\sigma_{n-1}\right)^{N_1-j_1} \left(1-2\sigma_{n+1}\right)^{j_2} \left(1+2\sigma_{n+1}\right)^{N_1-j_2} f_2^{(1)}\left(J_1\left(\frac{2N_1-2(j_1+j_2)}{2} \right) \right) \quad \text{(BIV-10)}$$

__b- Pour les couches impaires L=2k+1__ $/ 1 \leq k \leq \dfrac{L-3}{2}$

Ces couches contiennent deux types de spins :

-spins-1/2 entourés de 6 spins de types-1/2 dont 4 dans la même couche, un dans la couche impaire supérieure et l'autre dans la couche impaire inférieure et 6 spins-1 dont 4 dans la même couche, un dans la couche paire supérieure et l'autre dans la couche paire inférieure.

- spins-1 entourés de 2 spins de types-1/2 dans la même couche.

Dans ce cas on a :

$$\begin{cases} \sigma_n = \left\langle f_1^{\left(\frac{1}{2}\right)}(x_3) \right\rangle \\[2mm] m_n = \left\langle f_1^{(1)}(x_3') \right\rangle \\[2mm] q_n = \left\langle f_2^{(1)}(x_3') \right\rangle \end{cases} \qquad (BIV\text{-}11)$$

Après calculs on trouve :

$$\sigma_n = \frac{1}{2^{2N_0+4N_1}} \sum_{j_1=0}^{N_0} \sum_{j_2=0}^{N_1} \sum_{j_3=0}^{N_1} \sum_{j_4=0}^{N_0} \sum_{j_5=0}^{N_0-j_4} \sum_{j_6=0}^{N_1} \sum_{j_7=0}^{N_1-j_6} \sum_{j_8=0}^{N_1} \sum_{j_9=0}^{N_1-j_8} C_{j_1}^{N_0} C_{j_2}^{N_1} C_{j_3}^{N_1} C_{j_4}^{N_0} C_{j_5}^{N_0-j_4} C_{j_6}^{N_1} C_{j_7}^{N_1-j_6} C_{j_8}^{N_1} C_{j_9}^{N_1-j_8}$$

$$\times 2^{j_4+j_6+j_8} (1\text{-}2\sigma_n)^{j_1} (1+2\sigma_n)^{N_0-j_1} (1\text{-}2\sigma_{n\text{-}2})^{j_2} (1+2\sigma_{n\text{-}2})^{N_1-j_2} (1\text{-}2\sigma_{n+2})^{j_3} (1+2\sigma_{n+2})^{N_1-j_3} (1\text{-}q_n)^{j_4}$$

$$\times (q_n+m_n)^{j_5} (q_n\text{-}m_n)^{N_0-j_4-j_5} (1\text{-}q_{n\text{-}1})^{j_6} (q_{n\text{-}1}+m_{n\text{-}1})^{j_7} (q_{n\text{-}1}\text{-}m_{n\text{-}1})^{N_1-j_6-j_7} (1\text{-}q_{n+1})^{j_8} (q_{n+1}+m_{n+1})^{j_9}$$

$$\times (q_{n+1}\text{-}m_{n+1})^{N_1-j_8-j_9} f_1^{\left(\frac{1}{2}\right)} \left(J_1' \left(\frac{N_0+2N_1-2(j_1+j_2+j_3)}{2} \right) + J_1 \left(N_0+2N_1-j_4-j_6-j_8-2(j_5+j_7+j_9) \right) \right) \qquad (BIV\text{-}12)$$

$$m_n = \frac{1}{2^{N_2}} \sum_{j=0}^{N_2} C_j^{N_2} (1\text{-}2\sigma_n)^{j} (1+2\sigma_n)^{N_2-j} f_1^{(1)} \left(J_1 \left(\frac{N_2-2j}{2} \right) \right) \qquad (BIV\text{-}13)$$

$$q_n = \frac{1}{2^{N_2}} \sum_{j=0}^{N_2} C_j^{N_2} (1\text{-}2\sigma_n)^{j} (1+2\sigma_n)^{N_2-j} f_2^{(1)} \left(J_1 \left(\frac{N_2-2j}{2} \right) \right) \qquad (BIV\text{-}14)$$

Pour le volume, l'aimantation (polarisation) totale de chaque couche impaire est donnée par :

$$M_n = \sigma_n + 3m_n \qquad (BIV\text{-}15)$$

Avec :

$$\begin{cases} f_1^{\left(\frac{1}{2}\right)}(x) = \frac{1}{2} \tanh\left(\frac{\beta x}{2} \right) \\[4mm] f_1^{(1)}(x) = \frac{2\sinh(\beta x)}{2\cosh(\beta x) + \exp(-\beta D)} \\[4mm] f_2^{(1)}(x) = \frac{2\cosh(\beta x)}{2\cosh(\beta x) + \exp(-\beta D)} \end{cases} \qquad (BIV\text{-}16)$$

Et :

$$\begin{cases} x_1 = N_0 J_s' \sigma_1 + N_1 J_1' \sigma_3 - N_0 J_s S_1 - N_1 J_1 S_2 \\ x_1' = N_2 J_s \sigma_1 \\ x_2 = J_1 N_1 \sigma_{2k-1} + J_1 N_1 \sigma_{2k+1} \\ x_3 = J_1' N_0 \sigma_{2k+1} + J_1' N_1 \sigma_{2k-1} + J_1' N_1 \sigma_{2k+3} + J_1 N_0 S_{2k+1} + J_1 N_1 S_{2k} + J_1 N_1 S_{2k+2} \\ x_3' = N_2 J_1 \sigma_{2k+1} \end{cases} \quad \text{(BIV-17)}$$

Où : $\beta = \dfrac{1}{kT}$, $N_0 = 4$, $N_1 = 1$, $N_2 = 2$

* l'aimantation (polarisation) totale du film décoré est définie comme étant la moyenne des aimantations (polarisations) des différentes couches et elle est donnée par l'expression suivante :

$$M_T = \frac{2}{N_A (L+1)} \left(2M_s + \sum_{i=1}^{\frac{L-1}{3}} M_{2i+1} \right) \quad \text{(BIV-18)}$$

où N_A est le nombre totale des atomes dans chaque couche. M_S est l'aimantation (polarisation) par site à la surface et M_{2i+1} est l'aimantation (polarisation) des couches impaires.

Les deux aimantations (polarisations) sont données par :

$$M_S = \sigma_S + \frac{5}{2} m_S \quad \text{et} \quad M_{2i+1} = \sigma_{2i+1} + 3 m_{2i+1}$$

Au voisinage de la transition du second ordre, les moments quadripolaires $q_i \to q_{0i}$ où q_{0i} est la solution des équations (II.6, II.10, II.14) pour $\sigma_i \to 0$ et $m_i \to 0$. Dans le but de trouver la température critique, on peut développer les différentes équations des aimantations (polarisations) des différentes couches du film et on tient compte seulement des termes linéaires. Le système d'équations des aimantations (polarisations) peut être écrit sous la forme suivante : $AM = M$

où $M = (\sigma_1, m_1, m_2, \sigma_3, m_3, ..., m_{L-1}, \sigma_L, m_L)$.

La température de transition T_c est obtenue en résolvant l'équation suivante $\det(A - I) = 0$

Cette température dépend de $R_{S1} = \dfrac{J_S}{J}$, $R_{S2} = \dfrac{J_S'}{J}$, $R_1 = \dfrac{J'}{J}$ et $\dfrac{D}{J}$.

La température de compensation, si elle existe pour $T<T_c$, est obtenue par la résolution de l'équation suivante : $M_T=0$ (M_T est l'aimantation (polarisation) totale du système donnée par l'équation (BIV-18))

III. Résultats et discussions

Dans cette partie, nous avons étudié l'aimantation (polarisation) et la température critique et de compensation pour un film d'Ising décoré d'épaisseur L.

Dans un premier temps, on a pris un film de 4 couches et on a tracé l'allure de la température de transition $\left(T_c\right)$ et de compensation $\left(T_k\right)$ en fonction du champ cristallin D et pour différentes valeurs de R_1 (R_1, R_{S1} et R_{S2} sont les rapports $\dfrac{J_1^{'}}{J_1}, \dfrac{J_s}{J_1}$ et $\dfrac{J_s^{'}}{J_1}$ respectivement où J_s et $J_s^{'}$ sont les interactions d'échange au niveau de la surface entre spin-1/2 et 1 et spin-1/2 et 1/2 respectivement) et avec $R_{S1}=0.5$ et $R_{S2}=0.5$ (Figure BV-2).

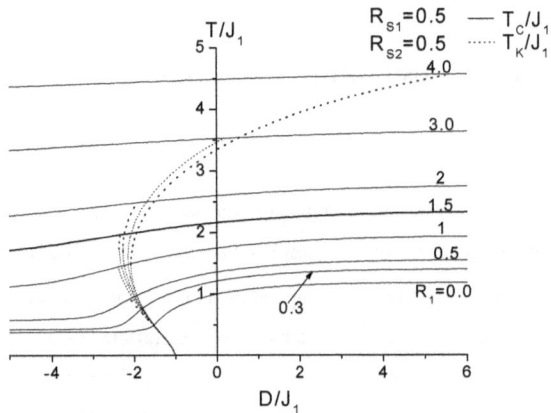

Figure BV-2 _la température critique_ T_c/J_1 _(courbe continue) et la température de compensation_ T_k/J_1 _(courbe pointillé) en fonction du champ cristallin_ D/J_1 _pour différentes valeurs de_ R_1.

Nous avons montré que la température critique (courbe continue) croît avec la croissance du champ cristallin D. Concernant la température de compensation (courbe pointillé), on a remarqué l'existence de deux points de compensations pour $R_1 \geq 1.5$ et pour un intervalle bien défini du champ cristallin D, pour $R_1 < 1.5$ le système montre un seul point de compensation.

Afin d'étudier l'effet des interactions d'échanges à la surface, R_{S1} et R_{S2} sur la température critique, nous avons tracé les variations de T_c avec D pour les deux cas suivants :

- $R_1 = R_{S2} = 0$ et pour différents valeurs de R_{S1} (Figure BV-3).

- $R_1 = R_{S1} = 0$ et pour différents valeurs de R_{S2} (Figure BV-4)

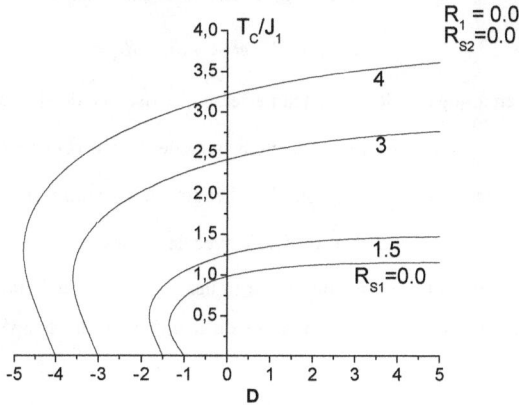

Figure BV-3 *la température critique* T_c / J_1 *en fonction du champ cristallin D pour différentes valeurs de* R_{S1} *et pour* $R_1 = R_{S2} = 0.0$.

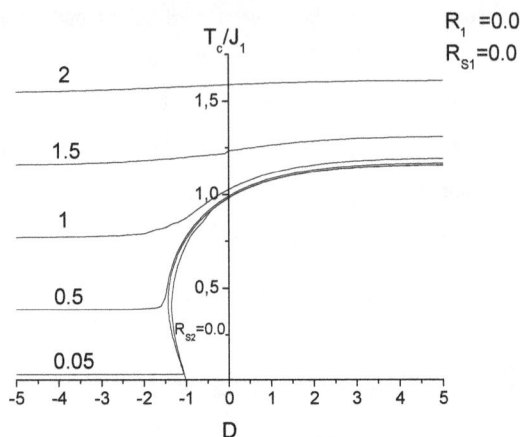

Figure BV-4 *la température critique* T_c / J_1 *en fonction du champ cristallin D pour différentes*

valeurs de R_{S2} *et pour* $R_1 = R_{S1} = 0.0$.

On remarque que R_{S1} n'a aucun effet sur l'existence de phénomène réentrant alors que lorsque R_{S1} croit la valeur de D pour laquelle T_c tend vers zéro décroît (Figure BV-3). Concernant l'effet de R_{S2} sur le phénomène réentrant (Figure BV-4), on voit clairement que ce phénomène disparaît avec la croissance de R_{S2}. Pour R_{S1}=0.05 le système présente trois températures critiques : il passe de l'état ordonné à un état désordonné puis à un état ordonné alors qu'il finit pour des températures élevées dans un état désordonné.

Pour voir l'influence de l'épaisseur du film L sur les propriétés de ce système, nous allons présenter quelques diagrammes de phase dans le plan $(T_c/J_1, R_1)$ pour les différentes valeurs de R_{S1}, R_{S2}, D et ceci pour différentes tailles du système.

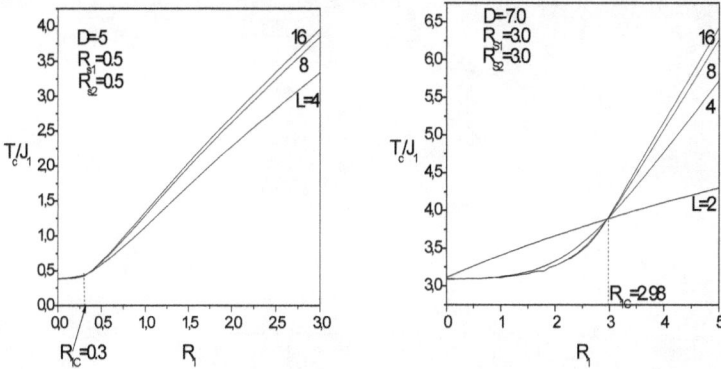

Figure BV-5 *la température critique* T_c / J_1 *en fonction de* R_1 *pour différentes valeurs de* R_1

Dans la Figure BV-5-a, et pour les valeurs de R_{S1}=0.5, R_{S2}=0.5 et D= -5 , on remarque que T_c est indépendante de L pour des faibles valeurs de R_1 et au-delà d'une certaine valeur critique $(R_{1C} = 0.3)$ de R_1 la température critique croit substantiellement avec l'augmentation de R_1 , et ceci quelque soit la valeur de l'épaisseur L du film. Pour la figure BV-5b, on a refait le même travail mais avec les valeurs de R_{S1}=3, R_{S2}=3 et D= -7. On remarque l'existence d'une valeur critique R_1 pour laquelle la température critique est indépendante de L$(R_{1c} = 2.98)$. Au dessous de cette valeur, T_c décroît lorsque l'épaisseur L du film augmente, au-delà on a une situation inverse. On note aussi une croissance de T_c avec R_1 beaucoup plus grande quand $R_1 > R_{1c}$ et ceci quelque soit la valeur de L.

Dans la figure BV-6, nous avons représenté la température de compensation en fonction de la taille du système pour R_1=3, R_{S1}=0.5, R_{S2}=0.5 et pour différentes valeurs de D.

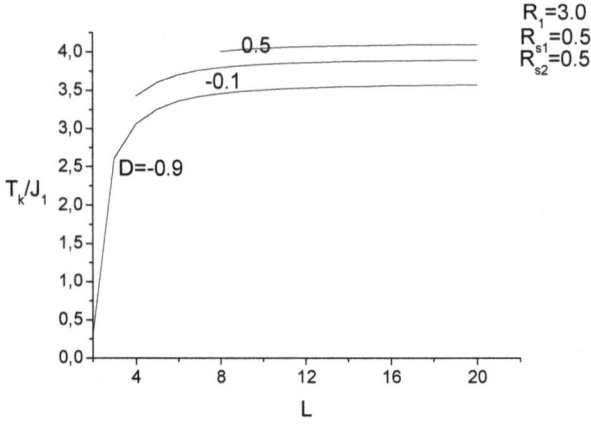

Figure BV-6 *la température de compensation T_k / J_1 en fonction de L pour différentes valeurs de D.*

On voit que T_k croit avec L pour atteindre une valeur de saturation qui dépend de D. Cette valeur de saturation croit avec la croissance de l'anisotropie D. On peut remarquer aussi que D a un grand effet sur l'existence de T_k pour les films minces, en effet T_k pour ces films minces n'existent que lorsque l'anisotropie est au dessous d'un certain seuil (par exemple pour L=4, T_k n'existe que pour $D \leq -0.1$

On peut conclure à partir des résultats obtenus que l'interaction d'échange entre spins-1/2 et 1 tant en volume qu'en surface du film a un grand effet sur l'existence du phénomène réentrant. On peut noter aussi que la variation de T_k peut être influencée par l'anisotropie uniaxial D pour les films minces par contre ce champ cristallin n'a aucun effet sur l'existence de la température de compensation pour les films épais.

Chapitre BV

Application expérimentale

I-   Introduction

Parmi les oxydes de structure TTB, les niobates et les tantalates sont les plus étudiés. Ce sont des ferroélectriques. C'est pourquoi ils ont fait l'objet de beaucoup de travaux de recherche en physique ces dernières années [65].

Dans les solutions solides, La température de Curie des TTB varie en fonction de la composition et le type de cation dans une gamme de température allant d'environ 60 K pour les solutions solides PBN et SBN relaxeurs [66] à 843 K pour les "Banana" $Ba_2NaNb_5O_{15}$ [67].

Dans cette partie, nous présentons les propriétés diélectriques de la solution solide $Pb_{2-x}K_{1+x}Li_xNb_5O_{15}$. Un changement de taux de la composition x conduit à un changement dans les propriétés ferroélectriques de ces composés. Ainsi, on peut observer une variation de la température de Curie T_C, constante diélectrique, de l'ordre de la transition, etc.

Pour cette raison, on va s'intéresser à l'étude de la variation de la température de transition en fonction de la composition x, ce qui nous permet de présenter le diagramme de phase de cette solution solide.

Nous commençons ce chapitre par une brève présentation des techniques expérimentales utilisées pour les mesures diélectriques, puis on détermine expérimentalement le diagramme de phase de la solution solide $Pb_{2-x}K_{1+x}Li_xNb_5O_{15}$ (PKLN) obtenue par substitution du plomb par du potassium et du lithium dans la phase initiale $Pb_2KNb_5O_{15}$. Les résultats sont comparés à ceux publiés et cités dans le premier chapitre sur le composé de structure TTB, en particulier le composé $Pb_{2(1-x)}K_{1+x}Gd_xNb_5O_{15}$ (PKGN).

II-   Technique expérimentale : Mesures diélectriques:

II-1-   Principe

Les mesures diélectriques sont réalisées à l'aide d'un impédance-mètre (type LCR-meter HP 4284A). Cet appareil permet d'évaluer les grandeurs L, C et R sur une gamme de fréquences s'étendant de 20 Hz à 1MHz

II-2-   Dépôt des électrodes sur l'échantillon

Les mesures de la constante diélectrique relative réelle ε'_r sont effectuées sur des céramiques de 13 mm de diamètre et de 1 mm d'épaisseur environ. Les faces circulaires de l'échantillon sont préalablement polies puis recouvertes d'électrodes conductrices d'argent afin de former un condensateur plan.

II-3-   Cellule de mesure

Le contact électrique est assuré par des fils conducteurs de platine fixes sur les faces circulaires des céramiques. Le montage ci-dessous permet de faire des mesures diélectriques en montée et en descente en température (Figure BV-1). Il est constitué essentiellement de

- un pont d'impédance automatique de type LCR-meter HP 4284A

- un régulateur Eurotherm 2416 qui permet la programmation en température (la vitesse de chauffage et de refroidissement utilisée dans nos mesures est de 3°C/mn).

Tous les appareils sont automatisés et l'acquisition des résultats se fait à l'aide d'un logiciel mis au point au laboratoire. Les mesures diélectriques sont effectuées à des températures allant de 50 à 500 °C et à des fréquences variant entre 20 et 10^6 Hz.

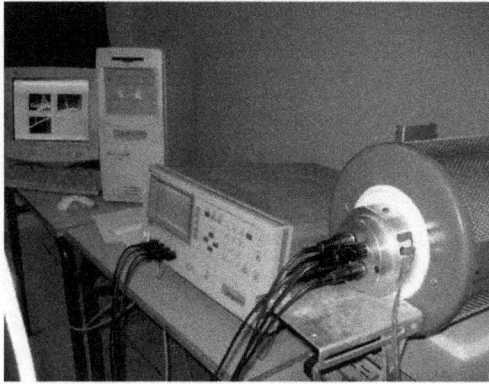

Figure BV-1 : *Montages complets de mesures électriques*

II-4-   Détermination de ε_r' et ε_r''

Les valeurs des partie réelles et imaginaires de la permittivité (ε_r' et ε_r'') des céramiques sont déduites des mesures de capacité C et du facteur de perte diélectrique **tgδ,** selon les deux expressions suivantes :

$$\varepsilon_r' = \frac{C}{C_0} \tag{BV-1}$$

$$\varepsilon_r'' = \varepsilon_r' \times tg\delta \tag{BV-2}$$

$C_0 = \varepsilon_0 S /e$, ε_0 étant la permittivité du vide, S et e sont respectivement la surface des électrodes circulaires et l'épaisseur de l'échantillon.

III-   Diagramme de phase d'une solution solide $Pb_{2-x}K_{1+x}Li_xNb_5O_{15}$

III-1-   Synthèse et caractérisation

La synthèse des différentes phases des solutions solides $Pb_{2-x}K_{1+x}Li_xNb_5O_{15}$ (PKLN) a été réalisée par voie classique de chimie de l'état solide [29-30-58] à partir des oxydes PbO et Nb$_2$O$_5$ et des carbonates K$_2$CO$_3$ et Li$_2$O$_3$, selon le schéma réactionnel suivant :

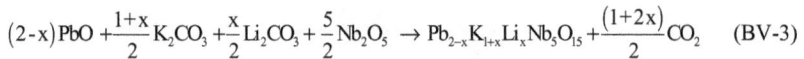

$$(2-x)PbO + \frac{1+x}{2}K_2CO_3 + \frac{x}{2}Li_2CO_3 + \frac{5}{2}Nb_2O_5 \rightarrow Pb_{2-x}K_{1+x}Li_xNb_5O_{15} + \frac{(1+2x)}{2}CO_2 \tag{BV-3}$$

L'élaboration des échantillons a été effectuée par Mr Choukri du Laboratoire de la Matière Condensée et Nanostructure (LMCN) de la FSTG – Marrakech [57]. L'étude cristallographique réalisée à 300°K, des composés préparés, montre que toutes les phases obtenues sont pures et cristallisent dans la structure bronze de tungstène quadratique. L'ensemble des diffractogrammes montre que la symétrie des différentes phases dépend du taux de substitution x. Ces phases possèdent, comme dans le cas de la phase « mère » Pb$_2$KNb$_5$O$_{15}$, une symétrie orthorhombique pour des faibles taux x $0 \leq x \leq 0.5$ et une symétrie quadratique pour des taux de substitution élevés $0.5 < x \leq 1.5$ [68].

La figure BV-2 montre, à titre d'exemple, l'évolution thermique de la permittivité de la phase $Pb_1K_2Li_1Nb_5O_{15}$ pour x = 1.

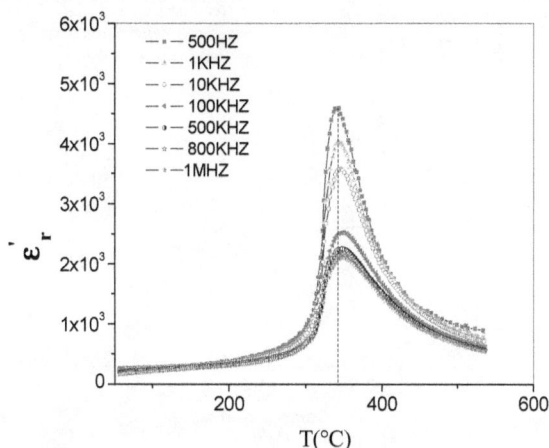

Figure BV- 2 : *Influence de la température sur la constante diélectrique dans le mode de chauffage pour les composés de la famille PKLN (x = 1) à 500 Hz, 1 kHz, 10 kHz, 100 kHz, 500 kHz, 800 kHz et 1 MHz*

Ces courbes mettent en évidence une transition ferroélectrique- paraélectrique à $T_c = 350°C$ qui correspond à une valeur élevée de la permittivité à T_C. Quand la fréquence augmente, le pic à T_C diminue en intensité mais il est indépendant de la fréquence, par conséquent $PbK_2LiNb_5O_{15}$ est un ferroélectrique classique.

III-2- Diagramme de phase de $Pb_{2-x}K_{1+x}Li_xNb_5O_{15}$

Des mesures diélectriques ont été effectuées sur d'autres céramiques de bonne qualité cristalline, élaborées par voie classique de chimie de l'état solide. La synthèse concerne différentes compositions x de la solution solide $Pb_{2-x}K_{1+x}Li_xNb_5O_{15}$, dans le but de déterminer le diagramme de phase de PKLN.

Pour l'ensemble de phases $Pb_{2-x}K_{1+x}Li_xNb_5O_{15}$; $0 \leq x \leq 1$, la variation thermique de la permittivité diélectrique a permis de mettre en évidence les températures de transition (T_C ou T_m) qui correspondent aux valeurs maximales de ε'_r selon le taux de substitution x.

La figure BV-3 illustre l'évolution de la température de transition en fonction de la composition x pour les solutions solides de $Pb_{2-x}K_{1+x}Li_xNb_5O_{15}$ et $Pb_2KNb_5O_{15} - K_3Li_3Nb_5O_{15}$[69].

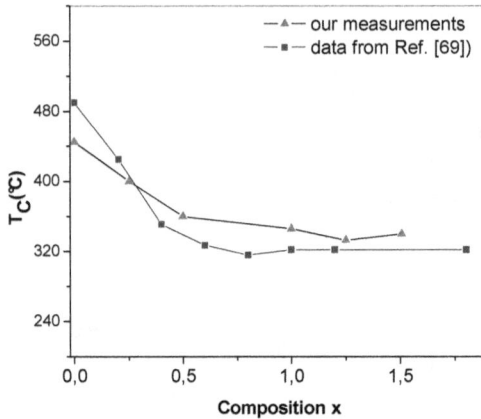

Figure BV-3 *Variation de la température critique Tc en fonction de la composition x pour la solution solide et comparaison avec le diagramme de ref [69]*

La température de Curie T_c diminue au fur et mesure que le taux de substitution en potassium et Lithium augmente. Cette augmentation est accompagnée d'une diminution de taux de Pb^{2+} donc d'une décroissance de la polarisation et par conséquent une diminution de la température de transition.

Dans cette figure, il est clair que la température (T_c ou Tm) diminue fortement avec la composition x pour x <0,5. Toutefois, Tm montre une faible décroissance au dessous de x = 0,5. Un changement de structure (orthorombique – quadratique) est observé au point x=0.5 par une étude par diffraction par rayons X. Par contre, nous remarquons l'existence d'une transition de phase ferroélectrique-paraélectrique en augmentant la température.

La même étude à été faite par M. Oualla et al. [29] et Y.Gagou et al. [30] sur le composé $Pb_{2(1-x)}Gd_xK_{1+x}Nb_5O_{15}$ noté PGKN (Figure BV-4).

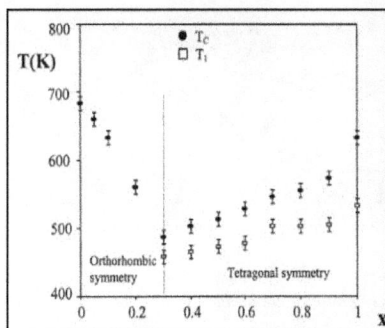

Fig. BV-4a : M. Oualla et all [31]　　　*Fig. BV -4b : Y. Gagou et all[32]*

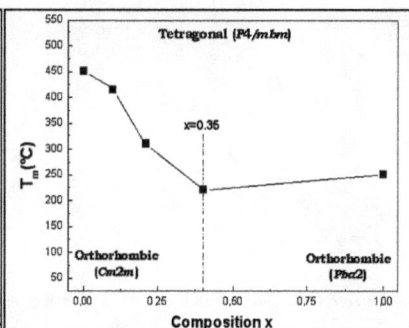

Figure BV-4 *Variation de la température critique Tc et T_1 en fonction de la composition x pour la solution solide* $Pb_{2(1-x)}Gd_xK_{1+x}Nb_5O_{15}$

La figure BV-4a montre le diagramme de phase de M. Oualla et al. Ce diagramme présente l'évolution de la température de Curie T_C en fonction de la composition x pour le composé $Pb_{2(1-x)}Gd_xK_{1+x}Nb_5O_{15}$ pour $0 \leq x \leq 1$. Ils ont observé une diminution du T_C pour les phases de symétrie orthorhombique $0 \leq x < 0{,}30$, et une augmentation linéaire de T_C et T_1 pour les phases de symétrie quadratique $x \geq 0{,}30$. L'existence d'un triple point P dans le diagramme de phase température-composition à $x \approx 0{,}25$ et $T \approx 500$ K est proposé. A basse température, une ligne séparant la phase quadratique de la phase orthorhombique est prévue autour de $x = 0{,}2$ à 0.3.

Des résultats similaires sont trouvés, en 2007, par Y. Gagou et al. (Figure BV -4b)) qui ont remarqué l'existence d'un triple point P dans le diagramme de phase température-composition à $x \approx 0{,}25$ et $T \approx 225$ K.

IV-   Comparaison entre les mesures diélectriques et les résultats théoriques

Ces résultats sont en bon accord avec les résultats théoriques déjà présentés dans les chapitres précédents à savoir les diagrammes de phase calculés avec la méthode de simulation de Monte Carlo (Figure BII-7 et 9) ou avec le modèle utilisant la théorie phénoménologique de Landau (Figure BIII-1).

Figure BV-5 : *diagrammes de phase obtenue par la méthode de Monte Carlo (Fig. BI-7) et par la théorie de Landau (Fig. BIII-1)*

Cet accord apparait dans quatre points importants :

- en changeant le taux de composition (expérimentalement) ou le rapport d'interaction (théoriquement), on remarque un changement de structure mais le composé reste toujours ferroélectrique. En passant par un point triple.

- une transition de phase ferroélectrique-paraélectrique apparait en augmentant la température.

- la température de transition diminue progressivement en fonction de l'augmentation de la composition (expérimentalement) ou le rapport d'interaction (théoriquement) jusqu'au un point triple, puis elle croit lentement ou bien elle se stabilise suivant le type du composé étudié.

- à basse température, on remarque deux changements de phase :

  * théoriquement d'une phase semi ferroélectrique suivant Ox à une phase absolument ferroélectrique. Le deuxième changement se fait de cette dernière phase à une phase semi ferroélectrique suivant Oy.

  * expérimentalement, le premier changement se fait d'une phase ferroélectrique de structure orthorhombique (Cm2m) à une phase orthorhombique (Pba2), la deuxième se fait de ce dernière phase à une phase ferroélectrique quadratique (P4Pm).

V-   Conclusion

Dans cette partie de notre travail, une étude diélectrique en température et en fréquence a été réalisée sur quelques phases solides de formule $Pb_{2-x}K_{1+x}Li_xNb_5O_{15}$ élaborées par réaction à l'état solide.

L'ensemble de ces phases cristallise avec une structure de type bronze de tungstène quadratique ou orthorhombique suivant la composition x.

L'analyse par diffraction des rayons X montre que la symétrie du réseau cristallin est orthorhombique ou quadratique selon le taux du Plomb.

Les mesures diélectriques correspondant à la variation thermique de ε'_r montrent l'existence d'un seul maxima. Le comportement diélectrique ainsi observé pour les différentes céramiques correspond à celui d'un ferroélectrique classique.

L'ensemble des résultats obtenus fait apparaître également une corrélation étroite entre la composition chimique des céramiques, la valeur du point de Curie T_c et la taille des cations insérés dans le réseau cristallin.

Le diagramme de phase expérimental de la solution solide étudiée est interprété en utilisant deux méthodes théoriques :

✓ la méthode de simulation de Monte Carlo basé sur l'algorithme de Metropolis et en se basant sur le modèle d'Ising à deux dimensions.

✓ La deuxième méthode est la théorie de Landau avec l'utilisation de la théorie d'approximation de champ moyen pour déterminer les facteurs de Landau.

Les diagrammes de phase théoriques que nous avons déterminés durant cette thèse permettent d'expliquer les résultats expérimentaux trouvés par les mesures électriques réalisées au sein du Laboratoire de la Matière Condensé et Nanostructure (LMCN). Ils sont en bon accord les résultats expérimentaux déjà publiés.

CONCLUSION

GENERALE

Le travail présenté dans ce manuscrit porte sur l'étude des propriétés électriques et des transitions de phase dans les systèmes ferroélectriques de structure TTB.

Pour réaliser cette étude nous avons proposé un nouveau modèle dont les variables sont inspirées de celles d'Ising.

Dans un premier temps, nous avons proposé un nouveau modèle pour décrire le diagramme de phase des matériaux ferroélectriques type TTB. Dans une première étape de cette étude, nous avons étudié également ce nouveau modèle proposé pour les ferroélectriques types TTB en utilisant la théorie du champ moyen. Cette étude montre la présence des quatre régions trouvées par la méthode Monte Carlo mais avec une température critique T_c^y qui reste constante pour toutes les valeurs du couplage d'interaction et une température critique T_c^x qui croit linéairement avec la croissance du couplage d'interaction.

Dans ce manuscrit, le modèle proposé a été traité en utilisant des simulations de Monte Carlo basées sur l'Algorithme de Metropolis à deux dimensions. Les diagrammes de phase obtenus montrent l'existence de quatre régions : deux régions semi-ferroélectriques l'une suivant Ox et l'autre suivant Oy, une troisième région qui est absolument ferroélectrique, et une quatrième qui est parfaitement paraélectrique. Ceci est expliqué par le fait qu'augmenter le rapport des interactions provoque un changement de structure d'un état semi ferroélectrique suivant Ox à un état parfaitement ferroélectrique puis à un état semi-ferroélectrique suivant Oy. L'augmentation de la température entraîne une transition de phase d'un état ferroélectrique (suivant Ox, Oy ou les deux) vers un état parfaitement paraélectrique.

Pour réaliser une étude complète et pour confirmer l'étude de ce nouveau modèle, nous avons utilisé la théorie phénoménologique de Landau. Les résultats trouvés montre l'allure des lignes de la métastabilité pour chaque valeur de c. nous avons remarqué que le système est stable pour des valeurs de c supérieur à -1.

Pour boucler l'étude théorique, nous avons terminé par une application de la méthode de champ moyen sur un modèle d'Ising pour déterminer les valeurs des facteurs de Landau. Pour c=3, nous avons trouvé un accord avec le diagramme de phase calculé par la méthode de Monte Carlo. Par contre, pour c=∞, nous avons trouvé le même diagramme de phase d'un système d'Ising ferroélectrique à deux dimensions suivant les trois directions.

Dans la quatrième partie, nous avons étudié les propriétés magnétiques (diagrammes de phase, courbes d'aimantations et points de compensation) d'un système d'Ising ferrimagnétique de spin ½ décoré par de spin 1. Cette étude a été faite par la théorie du champ effectif. Les résultats trouvés montrent l'existence du phénomène réentrant dans un large intervalle du champ cristallin D. Le phénomène de double réentrance a été aussi trouvé pour un intervalle très réduit de D. Concernant la température de compensation, nous avons montré que, par les deux méthodes de calculs, le système peut avoir un ou deux points de compensation. Nous avons remarqué que la température de compensation existe pour une épaisseur du film supérieure à neuf couches simulées.

Le cinquième chapitre est consacré aux résultats expérimentaux trouvés par les mesures électriques réalisées au sein du Laboratoire de la Matière Condensé et Nanostructure (LMCN). Cette partie du manuscrit a pour but la validation ou non des diagrammes théoriques que nous avons déterminés durant cette thèse. Ce chapitre a pour but de confronter les résultats des modèles théoriques proposés aux résultats expérimentaux. Dans ce chapitre nous avons montré qu'il y a un accord entre la théorie proposée et les résultats expérimentaux déjà publiés.

Ces travaux ont permis de déterminer théoriquement le diagramme de phase des matériaux ferroélectriques de structure TTB en utilisant trois méthodes théoriques à savoir la théorie de champ moyen, la simulation de Monte Carlo et la théorie phénoménologique de Landau et de confirmer les résultats expérimentaux.

Cette étude sera complétée par :

- la détermination de la relation entre la variation de l'interaction J et la composition x, à l'aide de la méthode ab-initio.

- Le calcul du diagramme de phase à trois dimensions pour s'approcher au mieux de la structure réelle des TTB.

- L'étude de l'effet du champ cristallin sur les propriétés physiques de ce système, puisque le système étudié est un système d'Ising à spin 1.

- Et enfin, la détermination de l'évolution théorique de la permittivité diélectrique à partir des paramètres physiques calculés par les différentes méthodes.

Références

[1] Curie P., Curie J. ; *C. R. Acad. Sc. Paris* ; **Tome 91**; 294 (1880)

[2] Jaffe B., Roth R. S., Marzullo S., *Journal of applied physics*, **25**, 809- 810; (1954)

[3] J. Valasek, *Phys. Rev.* **17**, 475 (1921)

[4] J. Valasek, *Phys. Rev.* **15**, 537 (1920)

[5] M. Déri, *Ferroelectric Ceramics*, **3**;1996.

[6] D. W. Chapman, *Journal of Applied Physics* ;**40**, 2381 (1969).

[7] N. F. Foster, *Journal of Applied Physics* **40**, 420 (1969).

[8] Magnéli A., *Arkiv Kemi*, **1**, 213 (1949)

[9] Magnéli A., *Acta Chem. Scand.*, **7**, 315 (1953)

[10] Ravez J. Perron-Simon A. et Hagenmuller P., *Ann. Chim.*, **tome I**, 251-268 (1976)

[11] Lines M.E. and Glass A.M., *Principles and Applications of Ferroelectrics and Related Materials, Clarendon Press*, Oxford (1977)

[12] Goodman G., *J. Am. Ceram. Soc.*, **36**, 368 (1953)

[13] J. Valasek, *Phys. Rev.* **17**, 475-481,(1921).

[14] L.E. Cross et R.E. Newhnham, *Ceramics and civilization*, **vol III**: High technology ceramics, past, present and future, The American Ceramic Society, 1987.

[15] K. H. Chan and N. W. Hagood. *Nonlinear modeling of high field ferroelectric ceramics for structural actuation. Master's thesis, SERC/Massachusetts Institute of Technology*, (July 1994).

[16] Kihlborg L. and Klug A., *Chemica Scripta*, **3**, 207-211 (1973)

[17] Lundberg M., Sundberg M. and Magnéli A., *J Solid state Chem.*, **44**, 32-40 (1982)

[18] Kulwicki B. M. « Advances in ceramics », 1, PTC Materials Technology, 1955-1980, (The Am. Ceram. Soc., Columbus, OH 1981)

[19] Youhan Xu, « *Ferroelectrics Materials And Their applications* », (North-Holland, Amsterdam, 1991)

[20] Subbarao, E. C., Shirane, G., Jona, F.: *Acta Crystallogr.* **13** ; 226, (1960).

[21] Shirane, G. et Suzuki, K ; *J. Phys. Soc. Jap.* **7**, 333(1952).

[22] Goodman, *G. U. S. Pat.* **2**, 165 (1957)

Références

[23] Isupov, V. A. and Kosyakov, V.I *Z. Tekh. Fiz. S.S.S.R.* **28**, 2175 (1958).

[24] Ravez, M. J., Perron-Simon, A., Elouadi, B., Rivoallan, L.: *J. Phys. Chem. Solids;* **37** , 949 (1976).

[25] E. A. Giess, B. A. Scott, G. Burns, D. F. O'kane, and A. Segmuller, J. *Amer. Cera. Soc.* **52**, 276 (1969).

[26] J. Ravez and B. Elouadi, *Mat. Res. Bull.* **10**, 1249 (1975).

[27] J. Thoret and J. Ravez, *Revue de Chimie Minérale* **T24**, 288 (1987).

[28] A. Zegzouti and M. Elaatmani, *Sil. Ind.*, **62**, N° 7–8, 149 (1997).

[29] M. Oualla, A. Zegzouti, M. Elaatmani, M. Daoud, D. Mezzane, Y. Gagou, and P. Saint-Grégoire. ; *Ferroelectrics*, **291**: 133–139, (2003)

[30] Y. Gagou, J.-L. Dellis, M. El Marssi,I. Lukyanchuk,D. Mezzane, and M. Elaatmani; *Ferroelectrics*, **359**: 94–97, (2007)

[31] P. Weiss, *J.Phys.Radium,* **4**, 661 (1907)

[32] N. Baccara, *Phys. Lett* ,**94A**, 185 (1983)

[33] A. Benyoussef and N. Boccara, *J. Appl. Phys.* **55**, 6 (1984)

[34] J.W.Tucker, M.Saber and L.Peliti, *Physica A*; **206**, 497 (1994)

[35] M. Kerouad, M. Saber and J.W.Tucker, *Phys. State. Sol (b)*, **182** ;k23 (1993)

[36] E. Ising, *Z Phys.* ; **31**, 253 (1925)

[37] L. Onsager, *Phys. Rev.*; **65**, 117 (1944)

[38] H. Dickinson, J. Yeomans, *J. Phys.* **C 16** ; L345 (1983).

[39] M. Kaufman, M. Kanner, *Phys. Rev.* ; **B 42** ; 2378 (1990).

[40] J. M. Hammersley et D. C. Hendscomb. *Monte Carlo Methods. Methuen*, London, (1964).

[41] K. M. Decker. *The Monte Carlo Method: Theory and Application. Computer Methods In Applied Mechanics and Engineering*, **89**, 463 (1991).

[42] F. James.. *Rep. Prog. Phys*; **43**, 1145 (1980).

[43] Student (W.S. Gosset), *Biometrika* **6**, 1-25 (1908).

[44] N. Metropolis et S. M. Ulam. *J. Amer. Statist. Assoc*; **44**,325 (1949).

[45] J. von Neumann., *Princeton*, NJ, (1945).

[46] N. Metropolis, A. W. Rosenbluth, M. N. Rosenbluth, A. H. Teller et E. Teller, *J. Chem. Phys.* **21** , 1087 (1953).

[47] R. P. Brent, *"An improved Monte Carlo factorization algorithm"*, **BIT 20** 176–184; (1980).

[48] T. Kaneyoshi, *J. Phys. Condens. Matter.* **6**; 10691 (1994).

Références

[49] T. Kaneyoshi, *Soli. Stat. Commun.* **93;** 691 (1995).

[50] T. Kaneyoshi, *Phys. Rev.* **B52** ;7304 (1995).

[51] J. W. Tucker, *J. Phys. A. Math. Gren.* **27** ;659; (1994).

[52] F. Zernike, *Physica (ultrecht)* **7** ; 565 ;(1940).

[53] L. Landau and E. Lifshitz, *Phys. Z. Sowjet.,* **8**, 153 (1935)

[54] L. D. Landau and E. M. Lifshitz, *Electrodynamics of Continuous Media (Elsevier, New York,)* ;(1985)

[55] Landolt-Bôrnstein, *Ferroelectrics and Related Substances; Oxides, Numerical Data and Functional Relationships in Science and Technology*, New Series.Group III, **vol. 16a**, Springer, Berlin,(1981).

[56] T. Ikeda,K.Uno,K.Oyamada,A. Sagara, J.Kato, S. Takano, and H. Sato, *Jpn. J. Appl. Phys.* **17**, 341–348 (1978).

[57] E. Choukri, Y. Gagou, A. Belboukhari, G. Erramo, M.-A. Frémy, A. Zegzouti, D. Mezzane, I. Luk'yanchuk, P. Saint-Grégoire, *Superlattiice Microst*, **(In Press);** (2010)

[58] Y. Amira, Y. Gagou, A. Menny, D. Mezzane, A. Zegzouti, M. Elaatmani, and M. El Marssi ; *Solid State Communications*, **150**, 419-423, (2010)

[59] I. Syori, 1972, *Phase transition and critical phenomena*, **Vol1**, Eds. C. Domb and M.S.Green (Academic press. Newyork)

[60] I. Syori and H.Nakano, *Prog. Theo. Phys.* **13**, 69;(1955).

[61] M. Nahoro, *Prog. Theo. Phys.* **53**, 600; (1966).

[62] T.Kanyoshi, *Phys A*; **229**, 166; (1996).

[63] A. Dakhama, *Physica A*, **252**, 235 (1998)

[64] A. Moutie and M. Keroued *M. J. Condensed Mattter*, **2**, Number 1 (1999).

[65] Labbe Ph., *Key Enginneering Materials*, **68**, 293-339, (1992)

[66] Xu Y., Li Z., Li W. and Wang H., *Ferroelectrics*, **108**, 253-258 (1990)

[67] Pan X., Gleiter H and Feng D., *J. Phys. Condens. Matter*, **2**, 2603-2623 (1990)

[68] Qi YJ, Lu CJ, Zhu J, Chen XB, Song HL, Zhang HJ, et al. *Appl Phys Lett*; **87**:082904; (2005).

[69] V.P. Zavyalov, V.D. Komarov, S.A. Kurkin, E.A. Alekhina and V.S. Filipev, *Neorganicheskie Materialy*, **22(5)**, 841 (1986)

نمذجة المواد الكهروحديدية ذات البنية " برونزتنغستن تربيعية"

ملخص الرسالة

تهدف هذه الرسالة إلى إقتراح نموذج نظري جديد، يمكننا من تفسير الرسوم البيانية التجريبية للحالة، خاص بالمواد الكهروحديدية ذات البنية " برونزتنغستن تربيعية" وذلك باستخدام مختلف المقاربات العددية.

الدراسة الأولى التي قمنا بتطويرها باستعمال الطريقة العددية مونتي كارلو على أساس خوارزمية ميتروبوليس مكنتنا من حساب مختلف الاستقطابات والحساسيات في المركبات الكهروحديدية لتحديد درجات حرارة التحولات لتأسيس الرسم البياني للحالة.

في الجزء الثاني قمنا بحساب تغيرات درجات حرارة الانتقال بدلالة التأثير بين الذرات باستعمال نظرية المجال الوسطي، الرسم البياني للحالة يؤكد النتائج المحصل عليها باستعمال الطريقة الأولى.

بعد ذلك قمنا باستخدام النظرية الظاهرية للاندو ونظرية المجال الفعال استنادا على نموذج إيسينج (Ising) لتحديد الرسم.

الرسوم البيانية التي حصلنا عليها باستعمال مختلف الطرق العددية والنظريات في تطابق تام مع تلك المحصل عليها تجريبيا في مختبر LMCN بمراكش و LPMC بأميان وكذاك مع مختلف الأعمال السابقة المنشورة بعدد من الجرائد و المجلات العلمية.

Modeling of ferroelectric materials of structure of Tungsten Bronze (TTB)

Abstract

The objective of this thesis is to propose the theoretical model describing the experimental phase diagram of ferroelectric materials of structure of Tetragonal Tungsten Bronze (TTB).

In the first part (chapter BI) we use the numerical Monte Carlo method based on the Algorithm of Metropolis, which enables us to understand the realizing phase diagram, the symmetry of corresponding phases and calculate the corresponding transition temperatures.

In the second part (chapter BII), we determine the variation of transition temperatures as function of interaction between ferroelectric dipoles and confirm analytically the results obtained by the first method.

In the third (chapter BIII) chapter we develop the phenomenological Landau theory and the theory of effective field based on the Ising-like model to determine the phase diagram of ferroelectric materials of structure TTB.

The results obtained by these methods are in good agreement with the experiments performed in the laboratories LPMC of Amiens and LMCN of Marrakech and with other experimental data available in the literature.

Modélisation de matériaux ferroélectriques de structure de Bronze de Tungstène (TTB)

Résumé

Le but de notre travail est de proposer un nouveau modèle théorique qui pourrait expliquer les diagrammes de phase expérimentaux des matériaux ferroélectriques de structure de bronze quadratique de Tungstène (TTB) en utilisant différentes approches numériques.

La première étude que nous avons élaborée utilise la méthode numérique de Monte Carlo basée sur l'algorithme de Metropolis qui permet de calculer les différentes polarisations et susceptibilités dans les composés ferroélectriques afin de déterminer les températures de transitions et d'établir le diagramme de phase.

Dans la deuxième partie, nous avons déterminé les variations de la température de transition en fonction des interactions entre atomes, le diagramme de phase obtenu confirme bien les résultats trouvés par la première méthode.

Nous avons ensuite développé la théorie phénoménologique de Landau et la théorie de champ effectif basée sur le modèle d'Ising pour déterminer le diagramme de phase des matériaux ferroélectriques de structure TTB.

Les Diagrammes obtenus par ces différentes méthodes sont en bon accord avec ceux réalisés au sein des laboratoires LMCN de Marrakech et LPMC d'Amiens d'une part et avec la littérature d'autre part.

9 783838 188027